NOUVEAU MANUEL

DU MENUISIER

POUR TRACER ET CONSTRUIRE

LES ESCALIERS

Par **HUBERT**, menuisier

CONSTRUCTEUR D'ESCALIERS, AU MANS

Membre de l'Académie de l'Industrie française; honoré de plusieurs médailles d'encouragement.

DEUXIÈME ÉDITION

PARIS
AUGUSTE LOGEROT, LIBRAIRE, QUAI DES GRANDS-AUGUSTINS, 55.

LE MANS
Ed. MONNOYER, IMPRIMEUR-LIBRAIRE, ÉDITEUR
PLACE DES JACOBINS.

NOUVEAU MANUEL

DU MENUISIER

POUR TRACER ET CONSTRUIRE

LES ESCALIERS

NOUVEAU MANUEL

DU MENUISIER

POUR TRACER ET CONSTRUIRE

LES ESCALIERS

Par **HUBERT**, menuisier

CONSTRUCTEUR D'ESCALIERS, AU MANS

Membre de l'Académie de l'Industrie française; honoré de plusieurs médailles d'encouragement.

DEUXIÈME ÉDITION

PARIS

AUGUSTE LOGEROT, LIBRAIRE, QUAI DES GRANDS-AUGUSTINS, 55.

LE MANS

Ed. MONNOYER, IMPRIMEUR-LIBRAIRE, ÉDITEUR

PLACE DES JACOBINS.

1867

INTRODUCTION.

Je n'aurais jamais songé à livrer au public mes théories de la construction des escaliers, si, depuis de longues années, je ne m'étais spécialement occupé de ce genre de travail. Il est une nouvelle conquête de la menuiserie, et il en constitue à lui seul une des parties les plus intéressantes, puisqu'il sert aussi bien au décor qu'à la commodité des édifices publics et des habitations particulières.

Le but que je me propose, en publiant ce Traité, est de donner des renseignements pratiques propres à simplifier et à abréger le travail en le rendant facile, non-seulement comme conception, mais encore pour la main-d'œuvre.

Cet ouvrage se compose d'une série de planches et d'instructions, à l'aide desquelles je développe méthodiquement mes théories pratiques. Je dis mes théories *pratiques*, parce qu'il n'est pas un seul travail, exposé dans ce Manuel, que je n'aie exécuté. J'espère donc, d'après cela, qu'il sera un guide sûr pour l'ouvrier qui mettra en usage les principes qu'il contient.

Le langage simple de l'atelier, dont on se sert à chaque moment, m'a paru le plus convenable pour rendre facile et prompte l'intelligence de ce Manuel. Aussi l'ai-je employé dans toutes mes démonstrations.

J'ai cru nécessaire, avant d'entrer dans l'explication des planches, de donner des instructions générales. Ces instructions serviront à compléter cet ouvrage, et aideront à en faire bien comprendre l'ensemble.

HUBERT.

INSTRUCTIONS GÉNÉRALES.

I. EXAMEN DE L'EMPLACEMENT DE L'ESCALIER.

Il est nécessaire, avant tout autre travail, d'examiner avec attention l'emplacement où doit être posé l'escalier que vous avez à construire. Ne vous en rapportez pas aux mesures qu'on pourrait vous donner sur cet emplacement. En le voyant vous-même, vous concevrez assurément mieux l'idée de bien suivre la partie et l'arrivée de votre escalier, et vous pourrez en même temps prévenir des difficultés qu'on rencontre quelquefois, surtout les passages de tête, calculés sur une hauteur de deux mètres au moins.

On ne peut bien discuter le plan d'un escalier qu'après en avoir fait l'épure en grand. Il sera bien plus facile, au moyen de cette épure, de lui donner les proportions convenables, et de prévoir aussi les difficultés dont je viens de parler. Je ne puis trop recommander de bien étudier son épure, et de ne cesser cette étude qu'après l'appropriation parfaite de l'escalier aux localités auxquelles il est destiné.

Si j'insiste sur cette recommandation, c'est parce que moi-même, en examinant, à plusieurs reprises, l'épure de l'escalier que j'avais à construire, j'ai souvent découvert des moyens qui m'ont permis de corriger des défauts que, sans cette étude, je n'aurais pu découvrir.

II. PRINCIPES POUR PRENDRE SES MESURES.

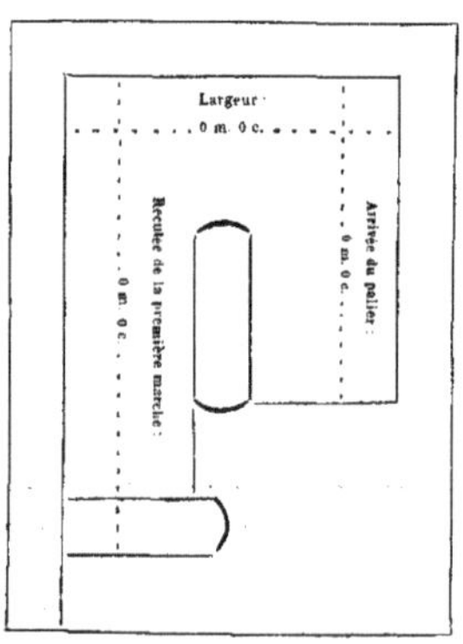

Pour prendre ses mesures, il faut faire une esquisse dans le genre de celle représentée ci-contre. Vous y portez la grandeur de la cage de l'escalier, sa forme, et tous les passages et ouvertures, telles que portes et croisées. Notez également les grandeurs des objets qui s'y trouvent renfermés.

Vous tirez ensuite les niveaux de chaque étage, et les reportez sur votre esquisse. Ayez toujours bien soin de prendre exactement vos hauteurs : cette opération est très-essentielle.

Une fois ces hauteurs obtenues, vous les reportez sur une règle; puis, au moyen d'un compas, vous les divisez en autant de pas que l'exige l'emmarchement. Vous faites ensuite l'épure dans un emplacement que vous préparez pour établir toutes les grandeurs de la cage. Chaque planche de ce Manuel vous démontrera la manière d'établir votre plan.

III. POSE DE L'ESCALIER.

La pose d'un escalier a aussi son principe. Quand tout est disposé pour son placement, on commence d'abord par bien fixer la première marche, suivant la reculée du plan par terre, que vous relevez sur l'épure. Une fois la première marche fixée d'après ce principe, on a soin qu'elle ne se dérange pas. Il ne faut cependant pas l'arrêter avant que le chiffre soit fixé en entier. On ne devra monter l'assemblage du chiffre que pièce par pièce.

Lorsque vous avez boulonné le premier limon ou courbe, vous l'établissez parfaitement d'aplomb suivant sa coupe et son devers, en arrêtant le chiffre avec des écartements pour qu'il ne se dérange pas.

S'il arrivait qu'en boulonnant le chiffre, il se trouvât un joint qui ne fût pas d'aplomb, il faudrait rajuster la partie du limon ou courbe, avant de continuer à boulonner les autres pièces.

Quelquefois il est nécessaire d'ôter un peu de bois sur le joint, pour le faire arriver à son écartement. Si l'on ne prenait pas cette précaution, lorsqu'on s'aperçoit qu'il existe quelque devers dans l'assemblage, on éprouverait des difficultés pour l'arrivée de l'escalier.

Si, par quelques difficultés, on était obligé de déranger le chiffre, il vaudrait mieux le démonter en entier, pour le faire contourner suivant la position qu'il demande, que de le faire marcher d'une seule pièce. On recommencerait alors à remonter, pièce par pièce, l'assemblage, comme on l'a fait la première fois. Si je fais cette recommandation, c'est que j'ai remarqué que, toutes les fois que l'assemblage se trouvait dérangé, il devenait très-difficile de bien le régler dans son entier. Il est nécessaire, pour éviter le dérangement du chiffre, de bien le fixer avec des étais et des écartements.

IV. FAUSSES CRÉMAILLÈRES ET INCLINAISON A DONNER AUX MARCHES.

Le chiffre de l'escalier étant placé avec toutes les précautions indiquées ci-dessus, vous ajustez ensuite les fausses crémaillères que vous arrêtez autour de sa cage. Il est bon de recommander, d'après l'expérience que j'en ai faite, de laisser une pente sur les fausses cremaillères, c'est-à-dire qu'il faut donner plus d'élévation aux marches reposant sur la partie du chiffre. Comme il arrive assez souvent que l'assemblage s'affaisse, les marches reprennent par la suite leur niveau. Plus les marches ont de longueur, plus on doit leur laisser de pente. Pour un emmargement d'un mètre de longueur, on donnera une pente de 0 m. 010 millimètres. Au-dessus d'un mètre, on peut laisser environ 0 m. 015 millim. de pente sur les fausses crémaillères. Le chiffre ne pouvant baisser à sa partie inférieure, on établira les premières marches bien de niveau, et on ne commencera à donner la pente qu'à la 5e ou 6e marche. Cette pente sera d'abord de 0 m. 003 millim.; on l'augmentera progressivement jusqu'à 0 m. 010 ou 0 m. 015 millim., suivant la longueur de l'emmarchement. Il faudra faire arriver les dernières marches de niveau avec la marche palière, en observant de diminuer la pente à mesure qu'on y arrive.

V. FOURRURES.

Il ne faut jamais négliger de fourrer le dessous des escaliers pour recevoir le plafond. Toutes les fourrures servent à cacher les fausses crémaillères qui, n'étant jamais un travail bien soigné, demandent à ne pas être vues.

J'observerai que les fourrures ne se placent pas de la même manière pour chaque forme d'escalier.

Dans les escaliers à crémaillère, dont le chiffre présente ordinairement une largeur de 0 m. 10 centimètres sous l'emmarchement, il est facile de cacher les fausses crémaillères suivant le niveau de l'emmarchement. Dans ceux dont les marches sont encastrées dans l'épaisseur des limons, et où se trouve moins de largeur de bois sous l'emmarchement que sous les fausses crémaillères, on est obligé, pour les cacher dans le plafond, de donner plus de pente à la fourrure, du côté de la fausse crémaillère.

La pente que l'on donne au plafond n'étant pas sensible à l'œil, on n'a point à craindre qu'elle puisse nuire à sa régularité.

VI. DU CHOIX DES BOIS.

Les bois, pour la construction des escaliers, se débitent d'une autre manière que ceux de la menuiserie. Il est donc nécessaire que je donne les épaisseurs et largeurs de ceux propres à chaque genre d'escalier.

L'assemblage du chiffre se compose de plusieurs épaisseurs et largeurs; les limons ne varient pas beaucoup dans leurs épaisseurs qui sont ordinairement de 6 à 7 centimètres, sur une largeur de 30 à 35 cent.

Le bois pour établir les courbes doit avoir une épaisseur de 10 à 14 centimètres sur une largeur de 23 à 28 cent. Les courbes entaillées à crémaillère, dont les marches sont profilées en retour, ne demandent pas autant de largeur. La courbe pleine, dont les marches sont encastrées dans la courbe, devant être débillardée dessus et dessous, exige pour cela plus de largeur.

Le chêne est le bois qu'on emploie ordinairement pour la construction des escaliers.

L'emmarchement d'un escalier se compose de marches et contre-marches. La largeur des marches n'est point bornée; plus le bois est large, plus il est avantageux. Quant à leur épaisseur, elle doit être ordinairement de 4 centimètres pour un emmarchement qui dépasse un mètre. Les longueurs au-dessous d'un mètre, ne demandent une épaisseur que de 0 m. 035 millim. L'épaisseur des contre-marches est de 0 m. 030 millim.; leur largeur varie un peu suivant la hauteur du pas; mais elle est presque toujours de 15 à 18 centimètres. Les fausses crémaillères doivent avoir au moins 4 cent. d'épaisseur.

Telles sont les dimensions de tous les bois que j'emploie à la construction des escaliers. On peut faire débiter son bois d'avance. Comme nous le savons tous, plus il est vieux débité, meilleur il est. Il faut toujours que le bois pour les courbes ait séché pendant un certain temps avant de l'employer; car, si on l'employait trop vert, il serait sujet à fendre dans l'assemblage. Avec les bois dont je viens de désigner les dimensions, vous pourrez fabriquer tous les genres d'escaliers dont je donne les plans dans ce Manuel.

Celui qui en aurait la facilité, ferait bien de laisser flotter dans l'eau, pendant trois à quatre mois, le bois propre à l'assemblage du chiffre. Ce moyen, que j'ai employé, m'a parfaitement réussi pour hâter sa sécheresse.

J'observerai encore qu'il faut que le bois des marches et contre-marches soit bien sec. Comme il se trouve ordinairement, dans l'emmarchement, plusieurs marches alaisées d'un chanteau pour en former la largeur, ce qui fait qu'on est obligé de coller le joint, il arriverait, si le bois n'était pas sec, que ces marches seraient susceptibles de se déjoindre.

VII. DES DIVERS MODÈLES D'ESCALIERS.

Nous avons trois modèles différents d'escaliers.

La premier modèle a ses limons et courbes entaillés en forme de crémaillère; les marches sont profilées en retour sur la partie du limon et de la courbe.

Ce genre d'escalier, qu'on construit fréquemment aujourd'hui, est celui qui se distingue le plus par sa richesse et sa légèreté, et dont l'assemblage présente, selon moi, le plus de solidité, en ce que les marches sont supportées en leur entier sur toute l'épaisseur du chiffre. Les autres modèles, dont les marches ne sont encastrées que de trois centimètres seulement dans l'épaisseur du limon, n'offrent pas la même solidité. Il donne encore à l'emmarchement une longueur de toute l'épaisseur du chiffre sur lequel il repose, et de toute la saillie profilée en retour. Ses marches sont de deux façons : les unes ne sont point emboîtées et les autres le sont. Celles qui sont emboîtées, ne font bien que lorsqu'on a un grand jour appelé le dedans du chiffre; lorsque le jour est étroit, les marches emboîtées font mal. La rampe de cet escalier se compose ordinairement de barreaux en fer avec garniture en fonte.

Le deuxième modèle est l'escalier à courbe pleine; ses marches sont encastrées dans l'épaisseur du bois. La forme de cet escalier est moins élégante que celle de celui dont nous venons de parler. La rampe, qu'on fixe sur la partie du limon, n'en est pas aussi coûteuse; elle se compose de barreaux en fer ou en bois. Si l'on adopte des barreaux en bois, il est nécessaire qu'il y en ait au moins un quart en fer par étage, afin de lui donner de la solidité. Une plate-bande en fer sert à fixer les barreaux auxquels la main-courante est attachée. La main-courante se fait en bois de noyer, ou en tout autre bois ; cependant le noyer est préférable.

Le troisième modèle représente l'escalier à noyau. C'est celui de tous les escaliers dont la construction est la plus simple et la moins dispendieuse. On l'exécute ordinairement pour les habitations de peu d'importance. Cet escalier porte sa rampe, c'est-à-dire qu'elle se trouve assemblée. dans le chiffre, et construite pour ainsi dire d'elle-même sans le secours de fers.

PLANCHE I.

ESCALIER DIT ÉCHELLE DE MEUNIER.

Pour démontrer les premiers principes de l'élévation des limons et de leur coupe, je commencerai par le tracé de l'escalier dit échelle de Meunier, dont la construction est la plus simple et la plus facile.

Avant cependant de passer à cette opération, je crois utile de dire un mot de deux outils dont je me sers avec le plus grand avantage. Le premier, indiqué *Fig.* 5, est une règle; le deuxième, *Fig.* 6, est ce que j'appelle une pièce carrée. Au moyen de ces deux outils, dont les dimensions qu'ils doivent avoir sont désignées à chaque figure, j'obtiens, avec la plus grande vitesse et avec exactitude, toutes espèces de lignes parallèles ainsi que toutes les lignes d'équerre de mes épures et plans par terre.

La *Fig.* 1 donne l'épure de l'escalier; la lettre *A* désigne les marches, et la lettre *B*, le chiffre.

Pour avoir l'élévation du limon, *Fig.* 2, vous poserez votre règle sur la ligne du chiffre *B*. Vous élèverez, à l'aide de votre pièce carrée, toutes les lignes de vos contre-marches. Cette opération donne la largeur de votre emmarchement; marquez ensuite la hauteur du pas des marches comme il est indiqué par la ligne *C*. Pour ce faire, renvoyez d'équerrre chaque hauteur dans la largeur de chaque emmarchement, suivant le nombre de marches qui sont établies sur le limon.

Pour avoir la ligne rampante du limon, tracez deux demi-cercles *G*, et, pour avoir la largeur, ouvrez le compas de la largeur voulue, et faites deux demi-cercles *D*. Lorsque vous voulez obtenir une grandeur quelconque, ouvrez votre compas de la grandeur que vous voulez avoir; faites un demi-cercle partout où vous désirez que cette ligne passe. Cette opération, qui est toute simple, donnera des largeurs très-justes.

Comme il n'est pas nécessaire d'établir le limon sur l'épure, ainsi qu'il est marqué *Fig.* 2, il suffit comme la *Fig.* 3 l'indique, d'élever les deux lignes *H;* elles donnent la longueur et la coupe du limon; puis vous élevez deux lignes parallèles de la largeur d'une marche, en renvoyant d'équerre, par deux lignes, la hauteur d'un pas, *Fig.* 4. Tirez ensuite une ligne d'un angle à l'autre que vous prolongez jusqu'aux deux lignes *H*. Cette ligne donne la ligne du rampant *E;* la longueur est la coupe du limon.

Cet abrégé d'élévation sert à tous les limons que l'on veut tracer.

La *Fig.* 7 représente une scie montée sur un fût en bois, dont la lame descend en contre-bas de la joue du fût, de 3 centimètres environ. Cette scie sert à abréger le travail des entailles *I* des limons pleins, nommées encastrures des marches et des contre-marches. Pour s'en servir, on perce à chaque angle un trou avec une mèche anglaise. Après avoir équarri ce trou au ciseau, on fait aller la scie d'un angle à l'autre. Il n'est pas nécessaire d'y attacher de joue pour la conduire; il suffit d'être deux, comme la poignée l'indique. On appuie légèrement sur le trait en commençant. Dès qne vous serez arrivé à la profondeur voulue, enlevez ensuite avec un ciseau le bois qui est entre les deux traits de la scie. Je ne connais pas de moyen plus expéditif et plus sûr, non-seulement pour préparer l'encastrure des emmarchements, mais encore pour ne point briser les angles lorsque l'on veut faire des rainures.

PLANCHE II.

EMMARCHEMENT DES COURBES.

La planche *II*, figurant une portion d'escalier composé de 7 marches, me servira pour démontrer les principes relatifs à l'emmarchement des courbes, ainsi qu'à l'établissement des calibres rallongés.

La *Fig.* 1re représente une courbe pleine, dont les marches et les contre-marches sont encastrées dans l'épaisseur des courbes. Avant de faire l'élévation des marches, il faut indiquer sur l'épure la place des joints *A*; vous tirez ensuite une ligne *B* d'un joint à un autre. Cette ligne donne l'épaisseur du bois pour établir la courbe, et c'est sur cette ligne qu'on élève toutes les lignes d'emmarchement. Pour avoir le calibre rallongé de la courbe pleine, il suffit d'élever une seule ligne du dedans de la partie du chiffre. Pour tracer l'élévation des marches, vous renvoyez d'équerre les hauteurs de chaque marche, comme elles sont indiquées à la lettre *C*; vous tirez une ligne rampante *D*, et vous renvoyez sur cette ligne toutes les lignes d'équerre pour tracer le calibre rallongé. Lorsque vous avez obtenu les distances marquées par la lettre *B*, vous relevez ces distances avec un compas pour les reporter sur la ligne rampante *D*. Cette opération vous donne la grandeur du cintre pour établir votre calibre.

La *Fig.* 2 représente l'élévation d'une courbe entaillée, dont les marches sont profilées en retour du chiffre. Ce tracé est le même que celui de la *Fig.* 1re, avec cette différence cependant qu'il faut élever deux lignes qui donnent la ligne de la contre-marche, laquelle traverse l'épaisseur de la courbe. C'est cette ligne qui donne le balancement à l'entaille de la courbe. Il faut donc, pour toutes les courbes entaillées, élever la ligne du dedans et celle du dehors pour avoir l'épaisseur de la courbe. En opérant ainsi, le balancement de la marche se trouve tracé sur le calibre rallongé comme il est indiqué sur l'épure du plan par terre.

J'observerai que, pour tous les plans que l'on fait, il n'est pas nécessaire d'établir les limons ou courbes comme il est indiqué *Fig.* 1 et 2; il suffit d'opérer comme le marque la *Fig.* 3 qui est la même partie de chiffre que la *Fig.* 2. Lorsque vous avez élevé toutes les lignes d'emmarchement, il suffit de les renvoyer dans la largeur d'une marche et de la hauteur d'un pas, comme l'indique la *Fig.* 4. Alors tirez une ligne d'un angle à l'autre; cette ligne vous donne la ligne rampante *E*. Cette simple opération suffit pour tracer le calibre rallongé et la coupe du rampant. La *Fig.* 6 représente une planche que vous préparez pour le calibre. Vous renvoyez sur cette planche toutes les lignes d'équerre qui sont sur la ligne rampante *E*; vous reportez ensuite toutes les distances avec un compas que vous ouvrez de la ligne *F* à la ligne du chiffre *G* établi sur l'épure. Vous reportez ensuite toutes vos distances sur la planche *Fig.* 6. Raccordez alors tous les points avec un compas trusquin, ou une pièce de raccord, ou encore une règle ployante, pour obtenir le cintre du calibre.

PLANCHE III.

SUITE DU CALIBRE RALLONGÉ.

Pour mieux faire comprendre ce que j'ai dit du calibre rallongé dans la planche *II*, j'ai pensé qu'il était utile d'établir le même tracé sur une plus grande échelle.

La planche *III* représente une partie circulaire plein cintre, divisée en deux parties courbes, et dont les joints sont en recouvrement de 12 millimètres pour recevoir des crochets qui doivent les retenir.

Pour obtenir le résultat indiqué par la *Fig.* 1re, vous tirez une ligne *B* d'un joint à l'autre joint; cette ligne vous donne l'épaisseur du bois; puis sur cette ligne vous élevez toutes les lignes d'emmarchement qui doivent tracer le calibre. Lorsque toutes vos lignes sont élevées, vous renvoyez deux lignes d'équerre de la hauteur d'un pas dans la largeur de la marche *Fig.* 6. Tirez ensuite une ligne d'un angle à l'autre; cette ligne donne le rampant de sa courbe et sa coupe.

Vous renvoyez ensuite toutes les lignes d'équerre sur la planche *Fig.* 5, où vous devez tracer le calibre, comme cette figure l'indique. Les lignes que vous renvoyez d'équerre doivent être de la largeur de la ligne rampante; plus la ligne est rampante, plus elle donne de distance d'une ligne à l'autre.

Pour avoir le cintre du calibre, reportez avec un compas, sur la planche *Fig.* 5, toutes les distances de la ligne *B* aux lignes *C*, comme elles sont indiquées par ordre de numéros sur le plan par terre.

Les *o* placés aux extrémités du calibre, donnent la coupe d'équerre du joint de la courbe.

Pour trouver le point de centre qui doit donner l'ouverture au compas, afin de passer la ligne dans les points qu'on reporte sur la planche où l'on établit le calibre, il faut opérer par la recherche des trois points perdus, comme l'indique la *Fig.* 7. On se sert ordinairement, pour obtenir le cintre, d'un compas trusquin, ou, à défaut, d'une règle ployante. Cette opération terminée, on chantourne le calibre. Tous les calibres rallongés se tracent par les mêmes procédés que ceux que j'ai exposés dans cette planche.

La *Fig.* 2 offre le même tracé que la *Fig.* 1re, avec la différence qu'il se trouve une partie droite qui part de la ligne du point de centre *A*, comme l'indiquent les deux lignes *D* renvoyées sur le calibre, lesquelles partagent la partie droite d'avec la partie cintrée.

Guillaume Régamey, 1868.

et tissus éditée par la librairie Ducher. L'enfant grandit donc dans un milieu artiste.

Fort jeune, il suivit les cours de l'École de dessin de la rue de l'École-de-Médecine, où il eut la bonne fortune d'être distingué par un professeur éminent, M. H. Lecoq de Boisbaudran, qui, après l'avoir méthodiquement astreint aux études progressives d'après le modèle graphique, d'après le relief et d'après nature, l'admit enfin à participer à ses très remarquables expériences de dessin de mémoire. Régamey n'oublia jamais ces belles et fécondes leçons. Vingt ans plus tard, il en écrivait à un ami. — « Cette méthode, dit-il, exerce d'abord l'organe de la vision, puis, presque aussitôt et simultanément les facultés de mémoire. Elle conduit par des épreuves graduées aux résultats les plus étonnants. Elle confirme l'originalité de chacun, but essentiel de l'éducation artistique. Remarquez que la méthode dont je vous parle a été expérimentée, mais au milieu d'obstacles sans nombre et par des disciples *sans le sou*. Malgré cela, les cartons de M. Lecoq de Boisbaudran sont pleins de choses du plus grand intérêt. » — C'est à l'occasion de ces expériences que j'ai connu Régamey, en 1860. L'occasion de le faire se présentant ici, je dirai que dans mon intime conviction la méthode de M. L. de Boisbaudran, exposée par lui en trois opuscules publiés par la librairie Morel, combattue naguère avec passion par un groupe d'intéressés, est appelée à jouer un rôle capital dans l'avenir de notre enseignement artistique.

Dans le même temps, Régamey fréquentait l'atelier de M. François Bonvin, avec qui, par l'intermédiaire d'un amateur, une piquante rencontre l'avait lié.

Pendant bien des années on a pu voir sur l'un des murs de l'Orangerie du Luxembourg le dessin d'un *Cuirassier à cheval*, que d'innombrables mains d'enfants retraçaient à la pierre noire, au crayon rouge, avec la pointe d'un couteau, au fur et à mesure que les intempéries des saisons ou l'éponge des gardiens en effaçaient la silhouette. Ce dessin était de Régamey, qui manifestait ainsi pour les sujets militaires un goût que l'avenir devait confirmer, développer et qui fit sa réputation. Il n'avait pas quinze ans. Pendant qu'il dessinait cette figure, un passant frappé de la martiale allure du cavalier s'était arrêté; quand l'enfant eut achevé il le complimenta, l'interrogea, le fit parler, lui demanda s'il serait content d'être présenté à M. F. Bonvin. La présentation eut lieu, en effet, et pendant quelques années l'excellent peintre réaliste donna de loin en loin des conseils à Régamey, qui ne se faisait pas scrupule de s'en écarter lorsqu'il le jugeait nécessaire au progrès de ses études. Cette indépendance d'allures ne pouvait plaire toujours à l'esprit absolu du maître. Un beau jour elle donna lieu à une terrible algarade, amusante par sa violence même, et dont le jeune élève, en rentrant chez lui, note les termes sans commentaires. Il les accompagne d'un charmant dessin à la plume reproduisant l'attitude des deux personnages. Que lui reproche donc le maître ? de suivre les cours de l'École des beaux-arts, d'exercer méthodiquement ses facultés de mémoire pittoresque si précieuses pour l'artiste qui veut peindre l'action, le mouvement, la vie; il lui reprochait encore d'écouter d'autres avis que les siens et concluait avec une amusante et familière brutalité : — « On trouve que vous faites très bien, votre père doit être enchanté et vous vous croyez très fort. Puisqu'il en est ainsi, je ne vois pas pour-

PLANCHE IV.

SUITE DU CALIBRE RALLONGÉ.

Les deux parties de chiffre de la planche *IV* serviront à expliquer deux calibres rallongés dont la forme diffère de celle dont nous avons parlé dans la planche *III*. Il n'est pas nécessaire de revenir sur ce que nous avons dit pour leur élévation, puisque c'est toujours par le même procédé qu'on l'obtient. Ces deux figures me serviront seulement à faire voir la différence du plein cintre.

La *Fig.* 1re représente une partie de chiffre dans laquelle se trouve sur le même parement une partie creuse et une partie ronde. Cette partie de chiffre s'opère quelquefois au départ d'un escalier, comme il est indiqué par une première marche *A*. Comme il ne faut pas ordinairement beaucoup d'épaisseur pour le cintre, on peut l'établir d'une seule pièce. Ne pouvant, ordinairement, se servir d'un compas pour former le cintre, il faut faire un calibre de la largeur du chiffre, que l'on contourne suivant la forme qu'on désire avoir. On ne doit jamais négliger de faire des calibres de cette sorte toutes les fois qu'on ne peut opérer le cintre avec un compas.

Le tracé pour l'élévation du calibre est le même que celui du plein cintre, à la différonce cependant qu'il faut élever davantage de lignes que pour l'emmarchement, et que nous appelons lignes d'adoucissement. Plus les lignes sont rapprochées, plus elles donnent de points à reporter pour tracer les lignes sur le calibre. Il faut bien observer les lignes d'emmarchement en traçant le calibre, pour ne pas faire d'erreurs en établissant les entailles des courbes, comme il est indiqué *Fig.* 2. Afin d'avoir, comme je l'ai déjà expliqué, la ligne rampante *B*, lorsqu'il se trouve plusieurs largeurs dans l'emmarchement de limons ou courbes, désignez toujours la marche qui est entre les deux largeurs, comme la marche 5 l'indique.

Pour trouver la ligne d'équerre au bout de la ligne courbe, lorsque le cintre n'est pas fait au compas, marquez trois points divisés en deux largeurs égales, comme il est indiqué *Fig.* 3; ouvrez le compas de la largeur voulue; faites deux sections; tirez ensuite une ligne du point milieu 2, entre les deux sections. Cette opération donne la coupe d'équerre à toutes espèces de cintres, lorsqu'on n'a pas le point de centre.

La *Fig.* 4 offre une partie de chiffre, dont l'emmarchement est composé de 8 marches. Le calibre est établi d'une seule pièce; le milieu est une partie de limon droit, et à chaque bout, sont deux parties courbes. Comme les deux parties sont plein cintre, il n'est pas nécessaire d'élever d'autres lignes que celle de l'emmarchement, pour tracer le cintre du calibre. Les deux lignes d'élévation marquées *C*, sont les deux lignes qui, partant du point de centre, partagent la partie droite d'avec les deux parties courbes.

Ayant donné suffisamment d'explications pour faire comprendre tout ce qui est relatif aux calibres rallongés, nous ne reviendrons plus sur ce sujet, dans les planches suivantes.

PLANCHE V.

EXPLICATION DES COUPES.

Je crois utile, avant d'entrer dans le détail des assemblages, d'observer que nous avons, dans ceux des escaliers, deux sortes de coupes pour les joints.

La première, représentée *Fig.* 1, est la coupe de bout qui se trouve d'équerre à la ligne rampante. Cette coupe est celle qui, jusqu'à ce jour, a été le plus en usage pour l'assemblage des courbes.

La deuxième, *Fig.* 2, est la coupe d'aplomb qui est suivant la ligne de la contre-marche.

J'observerai qu'ayant mis en pratique ces deux sortes d'assemblages, j'ai trouvé que la coupe d'aplomb présentait beaucoup plus d'avantages que la coupe de bout, tant pour l'économie du bois et la solidité, que pour la simplicité du tracement des assemblages que je vais expliquer en démontrant la manière de tracer chaque coupe.

Pour avoir le recouvrement de la coupe de bout, qui doit être d'équerre suivant la ligne rampante, il faut d'abord opérer comme l'indique la *Fig.* 3, en tirant une ligne horizontale *A* dans la largeur de deux marches. En élevant les lignes de trois contre-marches *B*, renvoyez d'équerre la hauteur du pas des marches pour avoir la ligne rampante *C;* et, par une deuxième ligne rampante, marquez une largeur voulue; renvoyez deux lignes d'équerre *D*, en fixant la largeur du crochet; descendez ensuite les lignes *E* au chiffre du plan par terre. Cette opération donne ce qu'il faut pour le recouvrement des joints, comme il est indiqué par l'élévation de la courbe, *Fig.* 1.

La *Fig.* 2 représente l'élévation d'une coupe d'aplomb. Comme on le voit, ce tracement est bien plus simple que celui de la coupe de bout. Dans la coupe d'aplomb, il n'est pas nécessaire, pour établir le recouvrement des joints, d'opérer comme l'indique la *Fig.* 3 de la coupe de bout; il suffit d'avancer de 12 millimètres en recouvrement sur chaque joint, pour établir le crochet. Au reste, le calibre se trace tout simplement comme je l'ai expliqué dans les planches précédentes. J'observerai donc que toutes les élévations, qui sont établies, au plan de chaque escalier figuré dans ce Manuel, sont faites par la coupe d'aplomb, *Fig.* 2, suivant l'aplomb de la contre-marche. Ayant trouvé, comme je l'ai déjà dit, que cette coupe présentait beaucoup plus d'avantages, je me suis généralement borné à ses principes d'assemblage.

PLANCHE VI.

DU TRACEMENT DES ESCALIERS.

L'escalier de la planche *VI*, dont le jour est allongé, est placé dans une cage partie circulaire. Le chiffre est composé de limons et courbes entaillés en forme de crémaillère, et dont les marches sont profilées en retour.

On a coutume de porter le bois sur l'épure pour tracer l'assemblage des escaliers. Ce moyen donne à celui qui n'a pas l'habitude de ce genre d'ouvrage, plus de facilité pour établir son travail. Mais, comme il arrive assez souvent qu'on éprouve des difficultés pour porter le bois sur l'épure, lorsque l'emplacement n'est pas commode, je vais démontrer, par cette planche, le moyen de tracer, à l'atelier, les limons et courbes.

Commençons par le débit du bois et sa préparation.

Il faut d'abord avoir l'élévation de chaque limon ou courbe. Pour en obtenir la longueur et la ligne rampante qui donne la coupe de chaque joint, on se sert toujours du procédé expliqué dans les planches précédentes, et indiqué ici par les *Fig.* 1 et 2. L'emmarchement n'étant pas de même largeur sur la partie du chiffre *A B*, j'observerai encore que, pour avoir la ligne rampante de chaque limon, il faut toujours désigner la marche qui est entre les deux largeurs, comme il est indiqué sur le plan par terre *C*.

L'élévation des limons et courbes étant établie sur l'épure, vous prenez sur une règle, d'une coupe à l'autre, la longueur que doit avoir chaque limon, suivant chaque ligne rampante *D*. Ces mesures, prises sur la règle, servent à débiter la longueur des limons.

La *Fig.* 3 représente une planche sur laquelle vous reportez toutes vos coupes de limons ou courbes, suivant le rampant de chaque limon. Donnez un chiffre aux coupes que vous reportez sur cette planche, pour vous rappeler de la coupe rampante de chaque ligne.

Vous débitez ensuite vos limons suivant les longueur et coupe indiquées. Ce genre de travail étant une partie de la menuiserie, tous les bois devront être travaillés d'après ses principes. Dans les escaliers entaillés, dont les marches sont profilées au retour du chiffre, il suffit de travailler le limon sur deux faces, d'abord du côté du parement qui est la largeur du limon, et ensuite sur un des champs pour y placer la fausse équerre.

Avant de tracer le limon, *Fig.* 4, il faut, avec une règle, *Fig.* 5, relever sur l'épure toutes les largeurs d'emmarchement indiquées sur la partie du chiffre *A B*, et marquées par ordre de numéros.

Lorsque vous avez relevé toutes ces mesures, vous pouvez tracer tout le travail de l'escalier sur l'établi.

Pour tracer le limon, *Fig.* 4, relevez la coupe avec la fausse équerre indiquée sur la planche, *Fig.* 3; tracez une ligne rampante au bout du limon marqué *B;* ouvrez le compas *F* de la largeur de l'emmarchement; pointez-le sur la ligne *B;* décrivez un demi-cercle; tracez ensuite une ligne avec la fausse équerre *G*, au sommet du demi-cercle, en continuant de la même manière suivant chaque largeur indiquée par numéros. Au moyen d'une pièce carrée H, renvoyez d'équerre la hauteur du pas, *Fig.* 6, dans la largeur de l'emmarchement. Toute espèce de limons se trace de cette manière.

La *Fig.* 7 donne la manière de tracer le débillardement des limons. En décrivant un demi-cercle à chaque entaille, vous raccordez, avec une règle ployante, le cintre qu'exigent les limons. La largeur qu'on leur laisse ordinairement sur chaque entaille est de 12 millimètres.

Pour tracer l'onglet de l'entaille des limons relevez sur une règle, *Fig.* 8, toutes les coupes de chaque contre-marche, suivant leur balancement, comme elles sont marquées au chiffre du plan par terre *B;* rajustez ensuite, avec la fausse équerre, toutes les coupes portées sur la règle par ordre de numéros, en reportant en arrière l'épaisseur de chaque contre-marche.

TRACEMENT DES COURBES.

La *Fig.* 9 indique une pièce de bois où sont débitées les courbes destinées à construire le chiffre. Comme vous le voyez, plus le bois a de longueur, moins vous avez de perte dans son débit.

Avant de tracer les courbes avec le calibre rallongé, chaque pièce de bois se travaille du côté où doit se creuser la courbe qui est le parement. Il faut aussi que chaque morceau soit bien tiré de largeur pour y placer la fausse équerre.

La *Fig.* 10 est un calibre relevé sur une planche que vous chantournez suivant la forme qu'il doit avoir.

La *Fig.* 11 indique comment doit se placer le calibre *J.* Pour tracer la ligne rampante, vous relevez la coupe avec la fausse équerre qui est indiquée sur la planche *Fig.* 3. Lorsque vous avez tracé un côté du champ de la courbe, tracez ensuite avec la fausse équerre les deux lignes *X*, qui sont le dedans du cintre du calibre. Reportez ensuite le calibre sur l'autre champ de votre pièce de bois, en raccordant les deux lignes *X.* Les courbes se creusent ordinairement avec une herminette : on peut également les débiter à la scie; vous les finissez ensuite avec des rabots ronds, d'après les principes de la menuiserie.

Pour bien creuser une courbe, faites un calibre, *Fig.* 12, sur le jour du dedans de l'escalier, en plaçant le calibre suivant l'équerre de l'emmarchement. Ce calibre guide pour calibrer les courbes, et les rendre justes d'après le cintre du plan par terre; il guide aussi pour régler le cintre des joints dans leur assemblage. Lorsque la courbe est ainsi creusée, on trace les deux lignes *X* pour scier le joint d'équerre, et les deux lignes *P* du joint, du côté du rond, à chaque bout de la courbe, ponr conduire également la scie. Dressez bien ensuite votre joint avec une varlope, et faites bien attention de ne pas y laisser de gauche.

PLANCHE VII.

SUITE DU TRACEMENT DES ESCALIERS.

Le modèle d'escalier, figuré dans cette planche, ne diffère pas beaucoup de celui de la planche *VI*.

La *Fig.* 1 représente une partie de limon emmarché. Chaque tête de marche forme chapiteau sur la partie du chiffre.

Nous continuerons, dans la *Fig.* 2, le tracé du chiffre de l'escalier.

La partie de courbe de cette figure indique la manière de tracer les entailles. Lorsque la courbe est travaillée selon la forme du calibre, placez le calibre *A* comme on l'a fait la première fois pour tracer la courbe. Tracez ensuite les lignes *B;* reportez le calibre sur l'autre champ *D*, en marquant également les lignes *B*. Tracez ensuite avec une règle les lignes rampantes *C*. Cette opération donne la largeur que doit avoir chaque entaille d'emmarchement. Renvoyez d'équerre, avec une pièce carrée, les hauteurs d'emmarchement. Cette pièce carrée aura la forme de celle indiquée planche *VI, H;* seulement elle devra être plus mince, afin qu'on puisse la ployer suivant le cintre de chaque courbe.

La *Fig.* 3 indique deux parties de courbes représentées hors parement. Comme vous le voyez, il faut reporter à chaque entaille l'épaisseur de chaque contre-marche, pour obtenir l'onglet que doit avoir la contre-marche, suivant son balancement. Cette figure démontre aussi comment doit se placer le boulon. La planche suivante *VIII* fera connaître la manière de placer le boulon en assemblage.

Ces deux figures ne sont point nécessaires pour le tracement de l'escalier. Je ne les ai faites ici que pour faire voir comment le travail s'exécute.

Comme il arrive que, dans un jour allongé, les limons ont quelquefois beaucoup de cintre par le balancement des marches, il faut opérer, comme l'indique la *Fig.* 4, en composant le limon de deux pièces, et en donnant le rampant voulu à chaque partie de limon. On obtient, par ce moyen, le cintre que le limon doit avoir pour le débillardement.

Comme l'indique aussi la *Fig.* 4, on peut, avec une pièce de bois, dont la largeur devra avoir 0 m. 15 cent., établir les entailles en forme de crémaillère, en rapportant des masses suivant la largeur de chaque emmarchement, comme il est marqué par la ligne *E*. Il faut que chaque joint soit assemblé avec une clef; il n'est pas nécessaire de le cheviller; il suffit de bien le coller. Le bois de ce joint devra être bien sec, afin qu'il ne s'ouvre pas.

Je ne donne pas ce genre d'ouvrage comme bien avantageux pour la main-d'œuvre, ou comme présentant plus de solidité. On ne doit le faire que lorsqu'on se trouve dans le cas de ne pouvoir se procurer du bois d'une largeur nécessaire.

La *Fig.* 5 indique la manière d'avoir la longueur et la coupe de chaque fausse crémaillère, qui se trace aussi comme le limon de la planche *VI, Fig. 4*.

Je donnerai aussi dans cette planche quelques indications pour le balancement des marches, lorsqu'on établit le plan par terre.

Toutes les largeurs devront être égales dans chaque tête de marche qui se trouve balancée dans un plein cintre. Pour avoir le point de centre, faites arriver une ligne de contre-marche à la ligne du milieu zéro ; tracez toutes les lignes des contre-marches du point zéro au point de giron. Cette opération donne toutes les largeurs égales dans le cintre du chiffre.

Pour faire balancer les lignes des contre-marches dans la partie droite du chiffre *F*, les largeurs ne pouvant être égales, il faut commencer à augmenter chaque distance, à partir de l'arrivée et du départ du plein cintre, comme je le figure au départ de la marche n° 9, indiquée au plan par terre. Chaque distance *G*, que vous reportez à chaque marche qui balance, devra être bien égale jusqu'à l'arrivée des nos 3 et 4. Car toutes les fois qu'il se trouve trop de distance entre deux emmarchements, cela fait former un jarret au débillardement. Ces largeurs ne dépassent pas ordinairement 0 m. 010 à 0 m. 015 millimètres.

Pour que le débillardement fasse bien, j'observerai qu'il faut donner tous ses soins au balancement des marches, en établissant le plan par terre.

Les marches de cette sorte d'escalier ne devront pas trop balancer dans un jour étroit ; car ce balancement, qui rendrait la tête de la marche trop aiguë, serait désagréable à l'œil.

La *Fig.* 6 représente l'assemblage de la courbe d'arrivée au palier. Le même calibre sert aussi à tracer la courbe d'arrivée et celle de repartie du 2e étage.

DU DÉBILLARDEMENT DU CHIFFRE.

Le débillardement du chiffre ne se fait qu'après avoir boulonné tous les assemblages. On commence ce travail par le limon ou courbe du départ de la première marche, en assemblant deux à trois joints. Reportez sous chaque emmarchement une largeur de 12 centimètres environ, comme il est indiqué *Fig.* 1, par des demi-cercles *H*. Pour tracer le cintre du débillardement on se sert d'une règle carrée, d'un centimètre environ. Cette règle est plus commode pour tracer les contours de chaque cintre que si elle était mi-plate.

J'observerai surtout que, pour les escaliers entaillés dont les marches sont profilées au retour, il faut, autant que possible, que le champ soit égal sous chaque entaille. Il ne faut cependant pas, pour conserver chaque largeur égale, faire des jarrets au débillardement. Il vaudrait mieux laisser plus ou moins de bois sur quelque emmarchement, pour éviter le bossage dont la vue serait désagréable. On a aussi l'habitude de donner une certaine pente au champ de chaque limon ou courbe, afin que le dessous du chiffre suive le plafond, d'après le balancement des marches ; cet usage est d'un mauvais effet pour le débillardement que l'on donne sur le champ du limon. J'ai trouvé que le travail offrait beaucoup plus de grâce, en mettant le champ du chiffre d'équerre suivant son rampant.

Pour que le joint, entre la partie du chiffre et le plafond, soit moins sensible, on devra laisser au chiffre, en contre-bas du plafond, une saillie de 1 cent. environ ; car, lorsque le champ du chiffre est en contre-bas, il fait bien mieux étant d'équerre, que lorsqu'on lui donne de la pente.

On devra tirer l'épaisseur du dessous du chiffre, de 5 centimètres environ, par un chanfrein que vous tracez au trusquin. Ce travail donne plus de régularité et d'élégance au chiffre de l'escalier.

PLANCHE VIII.

BOULONS D'ASSEMBLAGE.

On se sert ordinairement de boulons en fer, représentés *Fig.* 1 et 2, pour l'assemblage des escaliers à courbes. Leur longueur est ordinairement de 20 à 30 centimètres, leur diamètre de 15 millimètres.

La *Fig.* 3 indique la manière de placer les boulons aux assemblages des courbes et limons.

Pour marquer l'endroit du boulon, approchez les deux joints l'un de l'autre; puis, à l'aide d'un calibre qui aura la longueur et le diamètre du boulon, tracez son emplacement suivant que le rampant l'exige.

Le boulon se place toujours au milieu du crochet, comme les figures l'indiquent. Afin de bien diriger le trou dans lequel il doit se placer, appliquez une petite règle *A*. Cette règle servira à diriger la tarière *B* suivant la pente qu'exige chaque joint.

On place toujours l'écrou à quatre pans *C*, le premier. Faites l'entaille de l'écrou bien juste, afin qu'il ne varie pas en le tournant pour faire serrer le joint. Placez le boulon dans l'écrou *C*; rapprochez les deux joints l'un de l'autre, en plaçant le boulon *D* sur l'autre partie du limon ou courbe qui doit s'assembler; marquez avec le boulon l'endroit où doit être percé l'autre trou.

Il faut bien faire attention, en perçant le second trou dans l'autre partie du joint, que les deux crochets ne se touchent pas, comme il est indiqué *E*. Il doit y avoir une distance de 5 millimètres environ entre eux, avant de serrer le joint: cette distance donne la facilité de donner de la tire aux joints. Ce n'est qu'en serrant bien le boulon qu'on parvient à faire joindre les crochets. Le boulon à pans *F* doit avoir une rondelle *G*, pour donner l'aisance à l'écrou de tourner. Faites l'entaille convenable pour qu'il puisse tourner aisément. On serre l'écrou à l'aide d'un ciseau à froid; c'est pour cela que cet écrou doit être à pan pour faciliter son action.

La *Fig.* 3 fait voir aussi que les assemblages de chaque joint doivent se trouver à la ligne de la contre-marche. Les marches portant sur la partie du chiffre étant ordinairement étroites, on ne peut donc pas mettre le joint au milieu de l'emmarchement, parce qu'il arriverait qu'une de ses parties n'offrirait pas de solidité.

Il n'en est pas de même pour une partie circulaire. Les marches en étant ordinairement beaucoup plus larges, on peut faire le joint au milieu de l'emmarchement, comme l'indique la *Fig.* 4. L'assemblage est plus solide, en ce que la marche recouvre les deux joints.

La *Fig.* 5 indique l'assemblage d'un joint du limon plein, dans l'épaisseur duquel les marches sont encastrées. Quant à l'assemblage du chiffre de ce genre d'escalier, on peut indiquer le joint où l'on veut. Le boulon se place de la même manière que celui des autres escaliers.

On se sert ordinairement du boulon à clavette, *Fig.* 2, pour l'assemblage des courbes pleines. Comme on est obligé quelquefois de mettre l'entaille de l'écrou au-dessus de l'emmarchement, qui est le parement du dedans de l'escalier, cette entaille, pour placer la clavette, paraîtra moins en ce qu'elle est plus petite. Il faut placer dans le joint, qui est plus long que la courbe entaillée, un tenon *H* de 3 centimètres de long. Faites dans l'autre joint une rainure pour recevoir le tenon; cette rainure retient le devers du joint lorsque vous serrez le boulon.

J'observerai qu'on ne devra pas faire les encastrures des limons ou courbes avant d'avoir boulonné tout l'assemblage du chiffre; car il arriverait souvent que, si l'entaille, où se place le boulon, se trouvait au milieu de l'encastrure, il n'y aurait pas assez de bois pour serrer convenablement l'écrou.

PLANCHE IX.

DU DÉBIT DES MARCHES.

On a coutume, pour marquer le débit des marches, suivant qu'elles sont établies au plan par terre, de porter le bois sur l'épure. Mais comme il est assez difficile de l'y transporter, en raison de la longueur qu'il peut avoir quelquefois, je vais démontrer, dans cette planche, la manière de tracer leur débit, sans qu'il soit besoin de recourir à ce moyen.

La *Fig.* 1, représentant une partie d'escalier, me servira à démontrer ce que je viens de dire.

Marquez, avec une règle qui doit avoir la largeur du quart de rond de la marche, une ligne *A* au-devant de chaque contre-marche. Cette ligne donne aux marches que vous débitez, la saillie qu'elles doivent avoir.

Pour relever les coupes de toutes les marches, suivant qu'elles sont établies au plan par terre, il faut avoir des planches minces, de la largeur environ du giron de chaque marche. Posez la planche *B*, selon qu'elle est établie sur celle n° 6. Comme vous le voyez, cette planche étant moins large que la marche, on a la facilité d'en tracer le derrière qui donne sa largeur. Tracez ensuite la longueur de la marche à chaque bout sur la planche, en ayant soin de porter les numéros des marches sur chaque ligne que vous avez marquée sur la planche. Ces numéros servent à se rappeler la longueur et la largeur de chaque marche.

La *Fig.* 2 représente la planche qui doit être débitée. Posez, sur cette planche, le calibre sur lequel vous avez relevé la marche n° 6; renvoyez chaque ligne qui donne la largeur et la longueur de vos marches, comme elles sont indiquées *C;* raccordez les points avec une règle. On obtient par ce moyen le débit que doit avoir la marche. On peut aussi faire la même opération à l'aide d'une fausse équerre.

Comme on le voit *Fig.* 3, on peut relever plusieurs marches sur la même planche, en ayant soin, comme je l'ai déjà dit, de marquer, sur les lignes de chaque marche, le numéro indiqué sur celles du plan par terre.

La *Fig.* 4 représente la marche selon qu'elle doit être débitée d'après ses coupes du plan par terre. On voit qu'il faut toujours laisser, au bout de la tête de la marche, la saillie du profil *D.* Cette saillie devra être de 5 centimètres environ de largeur, pour que la tête de la marche puisse se contourner suivant son profil.

Il n'est pas nécessaire de laisser de saillie pour les marches qui doivent être emboîtées. C'est l'emboîture qui forme la saillie du retour du profil. Il ne faut pas non plus laisser de saillie aux marches qui doivent être encastrées dans l'épaisseur du bois.

PLANCHE X.

ASSEMBLAGE DES MARCHES MASSIVES.

La partie de chaque escalier doit avoir une première marche pleine; on peut aussi, à la partie des grands escaliers, mettre la première marche double, composée de deux marches pleines. Cependant, pour tous les escaliers ordinaires, une seule première marche suffit. Il faut, avant d'établir les calibres qui servent à tracer la forme de la marche, faire le plan par terre pour avoir la grandeur du giron et la longueur de la marche.

La *Fig.* 1 est le calibre d'une double marche. Cette forme fait très-bien; mais elle demande beaucoup de soin pour lui donner la tournure convenable. Comme elle ne peut se tracer au compas, l'adoucissement du cintre dépend beaucoup du coup d'œil.

Il faut donner à chaque première marche, la forme qu'on désire sur le plan par terre; vous y relevez ensuite les calibres. Il faut commencer par faire le premier calibre de la deuxième marche *A*; vous faites ensuite celui de la première marche, comme vous le voyez, en plaçant le calibre *A*, sur celui que l'on établit pour la double première marche. Le calibre *A* sert à donner le cintre que doit avoir la première marche, comme la *Fig.* 1 l'indique.

On a l'habitude de faire ces premières marches en bois massif. Mais comme il arrive très-souvent qu'elles sont sujettes à fendre et à se voiler, j'ai trouvé qu'en les composant de plusieurs morceaux d'assemblage, elles présentaient plus de solidité et plus d'économie pour le bois.

La *Fig.* 2 me servira à démontrer la manière de monter, par assemblage, ces premières marches pleines.

Lorsque la première marche est pleine, sa tête devra être massive; elle se fait de plusieurs masses collées ensemble, auxquelles on rapporte des goujons *B*, de distance en distance, comme les joints l'exigent. On emploie ordinairement, pour la composition de ces premières marches, du vieux bois provenant de démolitions. Ce bois est préférable, à cause de sa sécheresse, à tout autre pour ces sortes d'assemblages.

La construction de chaque marche, figurée dans cette planche, étant une partie de la menuiserie, l'ouvrier saura suffisamment ce qu'il aura à faire, sans qu'il soit besoin de donner d'autres explications.

La *Fig.* 3 est l'assemblage d'une double première marche. Comme vous le voyez, la forme en est bien plus simple. La tête se fait de plusieurs pièces pour en avoir le cintre.

Chaque partie de limon ou courbe devra être assemblée, dans la marche pleine avec un boulon en fer, comme il est indiqué *C*.

La *Fig.* 4 représente les calibres d'une contre-marche cintrée. Au moyen de cet assemblage, on obtient le cintre de chaque contre-marche, suivant que le plan l'exige. Comme il faut à chaque escalier des contre-marches creuses et des contre-marches rondes, suivant leur parement, la ligne *D* indique la coupe d'une contre-marche ronde, et la ligne *E*, celle d'une contre-marche creuse.

Dans les petits escaliers qui ne demandent pas beaucoup de cintre, on peut faire les contre-marches comme la *Fig.* 5 l'indique, en rapportant des masses.

Comme je l'ai déjà dit, ces assemblages demandant à être bien collés, on ne peut jamais employer du bois trop sec.

La *Fig.* 6 représente le profil que l'on donne ordinairement aux marches, et la manière dont s'assemblent les contre-marches.

La *Fig.* 7 est le même profil que la marche *Fig.* 6. Seulement, cette marche est enrichie d'une baguette. Ce profil ne fait bien qu'aux marches emboîtées.

PLANCHE XI.

TRACEMENT DES EMBOITURES.

Les emboîtures des marches se tracent sur l'épure. *A* désigne les marches du plan par terre; *B*, le chiffre; et *C*, les emboîtures. Il faut, avant tout, tracer sur l'épure la forme que doit avoir chaque emboîture, suivant l'onglet du balancement de la marche.

Pour figurer sur l'épure le tracement des emboîtures, il faut marquer la largeur que doit avoir la saillie du quart de rond *D*. Cette opération donne la coupe de l'onglet qui se trouve aigu et obtus suivant le balancement des marches. Marquez ensuite la largeur nécessaire pour l'emboîture; cette largeur est d'environ 7 centimètres. Le joint doit être fixé au milieu de l'épaisseur du chiffre *E*.

Placez ensuite chaque marche, sur le plan, d'après son numéro, en relevant la coupe que doit avoir l'emboîture. On se sert, pour le tracement de ces emboîtures, d'un compas trusquin, *Fig.* 1. Pour que les pointes de ce compas ne se dérangent pas, et qu'elles soient de niveau avec la marche, fixez une pièce de bois de l'épaisseur de cette marche sur le point de centre *F*. Cette pièce de bois est pour éviter que les deux pointes se trouvent en contre-bas.

Pour tracer la largeur de la marche, il faut prolonger les lignes des contre-marches, comme il est indiqué *G*. A cet effet, on prépare une règle, *Fig.* 2, à chaque bout de laquelle on rapporte une masse de bois de l'épaisseur de la marche. Ces masses servent à placer cette règle suivant la ligne de la contre-marche, comme il est indiqué *H*. Par cette simple opération, on peut tracer toutes les largeurs de marches sur le plan par terre.

La marche n° 5 est représentée selon son assemblage. La longueur du tenon du bout de cette marche où doit s'assembler l'emboîture *I*, devra être environ de la moitié de la largeur de l'emboîture. Son assemblage est un enfourchement. Il ne faut pas d'épaulement au tenon; le joint ne se cheville pas; il est nécessaire de bien le coller. On n'oubliera pas, avant de coller le joint, de faire les rainures qui servent à recevoir la languette de la contre-marche.

La *Fig.* 3 est une fausse équerre que l'on fait de la largeur de l'emboîture, suivant le cintre du chiffre. Elle sert à tracer, hors parement de la marche, les coupes de chaque emboîture.

La marche n° 7 est une marche représentée hors parement. La rainure *J* qui est faite sur le devant de cette marche pour recevoir la languette de la contre-marche, devra être également faite dans l'emboîture pour recevoir une languette qui sera aussi allégie dans la partie du chiffre *L*, comme il est indiqué au plan par terre.

J'observerai qu'il n'est pas nécessaire d'allégir de languette dans la partie du chiffre *L*, pour les marches qui ne sont point emboîtées, chaque tête de marche devant porter à plat joint sur l'épaisseur du chiffre. La rainure, pour recevoir la languette de la contre-marche, ne devra pas se prolonger jusqu'au bout de la marche; on laissera, pour que cette rainure ne paraisse pas au retour du profil de la marche, une distance de 10 centimètres environ.

Pour ne pas être obligé de tracer la coupe de chaque emboîture sur l'épure, il faut faire des calibres, *Fig.* 4, suivant le cintre et la largeur des emboîtures. Vous y relevez chaque coupe d'emboîture comme il est indiqué par ordre de numéro. Les calibres servent aussi au débit du bois, suivant le cintre que doivent avoir les emboîtures.

PLANCHE XII.

GRAND ESCALIER. — SON EMMARCHEMENT.

Ce modèle d'escalier, que l'on construit assez souvent, produit un très-bel effet par ses proportions et son ensemble, lorsqu'il se trouve posé dans un emplacement de 4 mètres environ. C'est la hauteur de l'étage qui donne la reculée de la première marche, ainsi que l'arrivée, de la marche palière.

Les grands escaliers étant destinés à recevoir deux personnes sur le même emmarchement, la longueur de leurs marches ne devra pas être moindre de 3 mètres 30 à 3 m. 50 centimètres; et comme ils demandent plus de largeur sur la partie du chiffre, leur jour devra avoir un mètre d'ouverture environ. Le giron des marches, dans les plus grands escaliers, ne devra pas dépasser 34 centimètres, y compris la saillie du quart de rond. Si on leur donnait plus de largeur, le pas ne serait pas aussi régulier. On pourrait même, si l'on se trouvait gêné par l'emplacement, diminuer la largeur des marches. La hauteur du pas ne devra pas dépasser 17 centimètres. Au reste, comme on doit le comprendre, je ne puis fixer de proportions pour chaque escalier, puisqu'elles dépendent toujours de l'emplacement.

La lettre *A* désigne les deux premières marches, construites en marche pleine par assemblages, comme il est expliqué planche *IX*. *B* est le chiffre de l'escalier; son épaisseur est de 7 centimètres. Ce n'est pas l'épaisseur des limons et des courbes qui rendent l'assemblage du chiffre plus solide; cette solidité existe toutes les fois qu'on a assez de bois pour pouvoir placer le boulon. Dans les coupes de chaque partie de courbe, indiquées au plan par terre par les lignes *C*, et où il se trouve plus ou moins d'emmarchement, c'est l'épaisseur du bois qui guide pour marquer sur l'épure les joints d'assemblage.

J'ai remarqué que trois ou quatre emmarchements étaient suffisants dans un plein cintre. Si l'on en mettait davantage, la partie de la courbe se trouverait trop tranchée, et cela ôterait de la force dans l'assemblage.

La *Fig.* 1 est l'assemblage du palier d'arrivée. Lorsque le jour est grand, il s'établit ordinairement en trois parties courbes. *D* est la courbe qui arrive à la hauteur du palier, et sur laquelle la marche palière *E* est fixée. N'ayant qu'une seule largeur d'emmarchement, sa coupe a moins de rampant. *F* indique comment doit se tracer la courbe *D* pour son assemblage. *G* est une pièce de bois où doit se fixer l'arrivée du chiffre; la largeur de cette pièce devra être de toute l'épaisseur du plancher.

Je vais donner quelques principes pour la pose de l'emmarchement. Le chiffre de l'escalier étant placé, d'après les explications données dans l'Instruction, *page* 4, on commence par la pose des contre-marches. Comme il est assez difficile de rencontrer juste, d'après leur établissement au plan par terre, je vais démontrer la manière d'y parvenir en opérant ainsi :

Dressez une planche d'un côté; relevez-y toutes les coupes droites et cintrées, comme il est indiqué *Fig.* 2, suivant le dehors du parement du chiffre, en ayant soin de marquer les numéros de chaque marche d'après leur indication sur la planche. Pour avoir les coupes qui y sont figurées, placez la planche suivant la ligne de la contre-marche, comme il est indiqué *H*.

Pour fixer chaque contre-marche suivant son écartement, relevez la coupe, suivant son numéro, avec une fausse équerre, en la plaçant comme il est indiqué *I*. De cette manière, toutes les contre-marches se trouvent balancées suivant leur largeur de giron, d'après leur établissement au plan par terre. Cette opération est très-essentielle, surtout pour les marches emboîtées, afin que l'onglet puisse arriver juste. On obtient aussi, par ce moyen, lorsqu'on ne peut mettre de fausse crémaillère, l'écartement des contre-marches d'après la position qu'il demande.

J désigne une fausse équerre que vous cintrez suivant le cintre du jour de l'escalier. Sa lame devra être de la largeur du quart de rond. Cette fausse équerre sert à faire balancer les contremarches dans les parties cintrées. On s'en sert aussi pour tracer la saillie du profil, suivant le cintre du chiffre.

On a l'habitude de tracer les marches sur l'épure, avant de les ajuster en place. J'ai observé qu'en agissant ainsi, on rencontrait souvent quelques difficultés pour faire arriver juste les coupes, lorsqu'on pose ces marches. Le moyen le plus sûr, pour éviter ces difficultés, est de les tracer, en emmarchant l'escalier, suivant leur longueur et largeur, comme l'indique la *Fig.* 3.

La *Fig.* 3 est une marche tracée d'après celle n° 20 du plan par terre. Marquez sur le devant de cette marche une ligne *L* qui figure la saillie du quart de rond (c'est sur cette ligne que se reportent les longueurs et les largeurs); et, avec une fausse équerre, reportez du plan par terre sur la marche, *Fig.* 3, les coupes comme elles sont indiquées par lettres, ainsi que les longueurs et largeurs également indiquées par des numéros. J'ai remarqué que cette manière était plus sûre pour faire arriver juste le profil du retour de la marche, qu'on ne devra faire que sur place. Il est bon de faire un calibre, *Fig.* 4, de la largeur du quart de rond, pour servir à tracer le cintre de chaque profil.

PLANCHE XIII.

MODÈLE D'ESCALIER.

(SUITE DE LA PLANCHE XII.)

L'escalier de cette planche est le pendant de celui dont nous venons de parler. Son emplacement est dans une cage carrée. Ses deux premières marches sont moins riches que celles du modèle précédent; mais, lorsque la cage est carrée, elles sont mieux en rapport avec son emplacement. J'ai remarqué que, dans un emplacement de 3 mètres de largeur environ, les marches des angles font un mauvais effet, en ce que leur longueur se trouve trop disproportionnée avec celle des autres marches. Il conviendrait, dans ce cas, de faire un pan coupé comme il est indiqué par le plan. Cela est beaucoup plus convenable que de laisser l'angle carré. L'arrivée du palier est construite par deux quartiers tournants, assemblés dans une partie droite; elle est bien moins dispendieuse que si elle était plein cintre. Il faut qu'à chaque partie courbe que le cintre ne soit que de la grandeur du giron de la marche, comme il est indiqué au plan par terre.

La *Fig.* 2 est le calibre rallongé. Le rampant se fait toujours, comme je l'ai indiqué plusieurs fois, en traversant une ligne dans la largeur d'une marche, en relevant la hauteur d'un pas. On remarquera que la ligne *A* est une ligne d'adoucissement qui donne le cintre au calibre; le même calibre sert pour la repartie du deuxième étage, en le retournant hors parement.

La *Fig.* 3 représente le palier de l'arrivée, la repartie de chaque étage, et la manière dont doivent se placer les deux contre-marches cintrées. *B* est une pièce de bois où est assemblée l'arrivée du chiffre. Comme je l'ai déjà observé, il faut qu'elle soit de la largeur du plancher, afin qu'arrivant de niveau, on y attache la marche palière *C*.

La *Fig.* 4 est pour avoir la coupe et la longueur de la fausse crémaillère. La même opération se fait toujours comme il est expliqué planche *VI*, en prenant la marche qui est entre les deux largeurs, ce qui donne la ligne rampante *D*.

La *Fig.* 5 représente le bois sur lequel se tracent les fausse crémaillères. Il n'est pas nécessaire, comme pour les limons, de dresser les champs du bois, ni même de le travailler pour les tracer. Il faut marquer une ligne *E*, qui sert à conduire la fausse équerre pour marquer les lignes rampantes de chaque emmarchement.

La *Fig.* 6 est une règle sur laquelle vous relevez les largeurs des emmarchements suivant leurs numéros. On trace les entailles avec une pièce carrée, en reportant sur la règle les largeurs indiquées par numéros. Ce moyen dispense de porter le bois sur l'épure pour tracer ces largeurs. La largeur de bois, que l'on laisse sous chaque entaille, est de 6 centimètres. Le débillardement ne demande pas beaucoup de soin en ce qu'il se trouve caché par le plafond.

PLANCHE XIV.

ESCALIER OVALE.

Ce modèle de plan, dont la construction est ovale, ne s'exécute pas aussi souvent que ceux que j'ai établis dans les planches précédentes. L'ensemble de l'escalier, figuré par ce plan, est d'un assez bel effet; mais l'établissement du chiffre demande beaucoup de soins pour donner à sa forme ovale l'adoucissement convenable, d'où dépend toute son élégance. Les cintres qui s'obtiennent par plusieurs points de centre, n'étant jamais bien réguliers, lorsqu'ils sont faits au compas, il est indispensable d'établir un calibre marqué *B*. Comme on a la facilité de corriger à volonté le cintre de ce calibre, on parvient toujours, par ce moyen, à régulariser celui du chiffre selon que le demande chaque forme d'escalier. Quant à la grandeur de l'ovale, je ne puis en donner, comme je l'ai déjà dit, les longueurs et largeurs, parce qu'elles dépendent de l'emplacement où doit être posé l'escalier.

Comme l'emmarchement de cet escalier contourne dans la partie du chiffre, il est facile de le faire revenir sur lui-même, suivant le nombre de marches exigé par la hauteur de l'étage. Si l'escalier est construit pour plusieurs étages, la marche palière, qu'il faut faire arriver de niveau avec le plancher, devra avoir la largeur du giron de deux marches environ. La tête de cette marche se trouvant ainsi de deux largeurs, on devra, à la partie et à l'arrivée du palier, faire balancer deux à trois marches, afin que la tête de la marche palière se trouve égale en largeur avec les autres marches. On agit ainsi pour éviter que le débillardement du chiffre forme un jarret. On peut placer le départ de la première marche où l'on veut, suivant que l'emplacement le permet. L'emmarchement ne se trouvant renfermé que de moitié dans le jour de la cage, il se trouve ordinairement une partie circulaire à la partie et à l'arrivée de l'escalier. Cette partie de chiffre étant apparente, on doit faire profiler le bout des marches au retour de la partie circulaire.

Comme les lignes d'emmarchement, qui se trouvent mêlées dans l'ensemble du plan par terre, pourraient mettre de la confusion dans celles d'élévation qui servent à tracer le calibre rallongé, on peut reporter à part, comme l'indique la *Fig.* 1, chaque partie de chiffre. A cet effet, il est bon de se servir d'une table peinte en noir, de 2 mètres carrés environ. On peut tracer, sur cette table, au crayon blanc ou au cordeau, toutes espèces de lignes, les effacer avec une éponge, et en produire d'autres à volonté.

La *Fig.* 2 représente deux calibres que l'on établit suivant le dedans du jour de l'escalier; ils servent à régler chaque joint qu'on assemble. Ces calibres se placent toujours suivant l'équerre du joint, en ayant soin de les poser, par ordre de numéros d'emmarchement, comme il est indiqué.

La *Fig.* 3 représente en profil les deux parties de chiffre qui sont boulonnées dans la première marche. Il faut toujours que ces deux parties de courbe ou de limon soient ajustées sur le plan par terre. Cela étant, la partie du chiffre se trouve réglée à la pose de l'escalier, suivant qu'il est établi sur l'épure.

PLANCHE XV.

ESCALIER CROISÉ.

Le modèle de cet escalier ne peut être construit que pour un seul étage. On le fait ordinairement pour magasins. La partie circulaire se trouvant apparente dans presque toute sa hauteur, il est donc nécessaire que la rampe de cet escalier soit contournée autour de la partie extérieure du chiffre. Comme il se trouve deux parties de rampes à l'arrivée du palier, en forme de galerie, les barreaux se placent comme sur un limon plein, en perçant des trous comme il est indiqué *A*.

Le départ de la première marche devra toujours se trouver au milieu du centre de telle position où il se trouve placé. Comme on le voit, l'arrivée se trouve à l'aplomb de son départ.

La balancement des marches demande beaucoup de soins, parce que la partie du chiffre et la partie circulaire sont contrariées par leur cintre. C'est donc pour cela qu'on ne peut donner la même distance de largeur à chaque tête de marche. Dans le balancement des marches, il faut, autant que possible, que chaque tête de marche soit en augmentation de largeur le plus régulièrement possible. Afin que le débillardement ne fasse pas de jarret, on est obligé de laisser plus on moins de bois sous chaque emmarchement. Il ne faut donc pas tenir au champ égal que l'on laisse ordinairement sous chaque entaille de l'emmarchement.

La *Fig.* 1 est une partie de chiffre reportée à part, pour y tracer le calibre rallongé, comme je l'ai dit dans la planche précédente. J'observerai, comme il est expliqué planche *IV*, que pour tous les calibres, dont le cintre ne peut se tracer au compas, il faudra élever des lignes d'adoucissement entre l'emmarchement, comme il est indiqué *B*. Ces lignes servent à reporter des points pour raccorder le cintre.

La *Fig.* 2 représente les profils de deux premières marches pleines. Comme on le voit, le derrière doit être d'aplomb l'un sur l'autre, et la largeur du limon doit descentre en contre-bas de l'épaisseur de deux marches.

La *Fig.* 3 indique deux calibres pour régler l'assemblage du joint, comme il est expliqué planche *XIV*.

PLANCHE XVI.

ESCALIERS PLEIN CINTRE A DOUBLE RAMPE.

Cette forme d'escalier, que l'on construit le plus souvent pour magasins, est celle qui présente le plus de hardiesse dans son assemblage qui se supporte pour ainsi dire de lui-même. C'est aussi celui de tous les escaliers à double chiffre qui offre au coup d'œil le plus de grâce en ce que sa double rampe est presque toute apparente. A le voir en place, il semble d'une exécution très-difficile; cependant, c'est celui dont la main-d'œuvre est la plus avantageuse pour l'ouvrier. Il demande peu d'emplacement; plus l'étage a de hauteur, plus sa construction est facile, en ce qu'on peut faire contourner l'emmarchement sur lui-même autant que cette hauteur d'étage l'exige.

Comme on le voit, toutes les marches se trouvent gironnées sur le même point de centre. Un seul calibre suffit pour les débiter.

Chaque fois que toutes les marches se trouvent balancées sur un même point, leur giron ne demande pas autant de largeur. La largeur qu'il doit avoir est d'environ 20 à 22 centimètres, non compris la saillie du quart de rond. On met habituellement à ces sortes d'escaliers, le pas plus élevé qu'à ceux des habitations particulières. On pourra lui donner une hauteur de 18 à 20 cent. environ.

J'observerai que pouvant mettre chaque partie de joint de la même grandeur, il suffira de faire deux calibres, comme il est indiqué *A*. L'un servira à tracer le dedans du chiffre, et l'autre, la partie circulaire. Comme toutes les parties circulaires n'ont pas beaucoup de cintre, on peut, lorsque le bois le permet, débiter plusieurs courbes dans la même pièce de bois, comme il est marqué *E*.

La plus grande difficulté, que l'on rencontre quelquefois lorsqu'on établit son plan, est de donner assez de hauteur au passage de la tête, suivant la partie et l'arrivée qu'exige l'emplacement. Afin de se rendre bien compte de cette hauteur, il faut reporter sur une règle le nombre de pas qui se trouvent à l'aplomb de la partie de la première marche. Pour avoir 2 mètres sous le plafond, il faut que la hauteur ait 15 centimètres en plus. Ces 15 cent. sont pour l'épaisseur du plafond et celle de la marche. On devra examiner le nombre de hauteurs qui se trouvent, à partir de la première marche, sous le passage de l'arrivée du palier indiqué *B*. J'observerai que, si l'on se trouvait gêné à ce passage, on pourrait diminuer la hauteur du pas dans la quantité de marches qui se trouvent à l'arrivée de l'aplomb du palier. On répartirait ensuite sur les autres marches la diminution qu'on a faite sur les premières. Par ce moyen, l'emmarchement arrive juste à la hauteur qu'exige l'étage. Si l'on ne prenait pas ces précautions, on rencontrerait quelques difficultés pour les passages de tête.

Pour tous les escaliers de magasins, construits à double rampe, l'emmarchement se fait ordinairement à l'atelier, dans un emplacement que l'on prépare pour pouvoir le monter dans son entier. On peut, en employant ce moyen, qui permet de corriger sur place les difficultés qui pourraient se rencontrer, rendre l'escalier tout prêt à être placé dans l'endroit de sa destination.

Comme il faut démonter l'escalier pour le remonter dans l'endroit qu'il doit occuper, on placera des écartements *D*, qui seront entaillés à queue d'aronde dans l'épaisseur des deux parties de chiffre. En replaçant ces écartements, lorsqu'on remonte le chiffre, son écartement se trouvera réglé comme il l'était auparavant. Les deux points, marqués *C*, indiquent l'arrivée des deux rampes.

La *Fig.* 2 est le même modèle que celui de la *Fig.* 1. Cet escalier peut être construit dans une cage de 1 m. 50 cent. de diamètre. Le jour du chiffre devant être petit, on pourrait l'établir, si l'on voulait, sans le secours de boulons, en opérant de la manière suivante :

Avant d'établir le travail, il faut faire un calibre *F*, de la forme que doit avoir l'entaille de chaque tête de marche, suivant la coupe du point de centre. Avec ce calibre, on prépare le travail avec des pièces de bois creusées en forme de noyau. Le bois étant travaillé, vous tracez chaque tête de marche, suivant la hauteur que doit avoir chaque pas. On les débite comme il est indiqué *G*. Leur assemblage se fait avec une clef, comme il est marqué *H*. Comme l'indique la *Fig.* 3, on assemblera plusieurs pièces ensemble pour en avoir le débillardement.

La *Fig.* 4 est l'assemblage de la partie circulaire. Les joints peuvent s'assembler également avec des clefs, mais le bois ne peut être creusé comme celui du dedans de la partie du chiffre. Comme la partie de chaque .tête de marche ne peut être moindre de la largeur d'une marche, et que le fil du bois, qui se trouve à plomb, n'offrirait pas assez de solidité, il vaut mieux établir le bois par courbe, avec un calibre rallongé, comme il est indiqué *Fig.* 4. Il ne faut pas avancer de recouvrement au joint, en ce qu'il est à plat joint.

PLANCHE XVII.

MODÈLES D'ESCALIERS A DOUBLE RAMPE.

(SUITE DE LA PLANCHE XVI.)

Ces deux modèles de plan font voir qu'on peut donner toutes les formes qu'on désire aux escaliers qu'on construit. Quant au tracement et à l'exécution du travail, ils se font toujours d'après les principes que j'ai exposés dans les planches précédentes.

Comme il n'est pas facile, lorsque l'étage n'a que 3 mètres à 3 m. 30 cent. de hauteur, de faire revenir l'emmarchement sur lui-même, autrement on se trouverait gêné, pour le passage de la tête, à l'arrivée du dessous du palier, comme il est expliqué planche *XVI*, en donnant à l'escalier l'une ou l'autre forme de ces deux plans, on n'aura point à craindre ces difficultés.

Le départ de l'escalier de la *Fig.* 1 peut être appuyé du côté d'une cloison ou d'un mur; la cage pour le recevoir peut être plein cintre. Pour que l'emmarchement fasse bien, il faut que le diamètre de l'ouverture de la cage ait deux mètres environ.

A désigne le palier qui arrive de niveau au plancher. Si l'on était gêné par la hauteur, on pourrait établir une marche ou deux dans la largeur du palier.

La forme du plan *Fig.* 2, est irrégulière dans le contournement du chiffre. Lorsque cet escalier est construit avec les proportions convenables pour le lieu qu'il doit occuper, son ensemble fait très-bien. Il est d'un bel effet surtout dans un magasin.

La partie du chiffre et la partie circulaire se trouvant contrariées par leurs cintres, c'est toujours au balancement des marches qu'on rencontre le plus de difficultés lorsqu'on établit le plan par terre. (Pour ce qui est relatif au balancement des marches, voyez les principes qui sont exposés dans la planche *XV*.)

Les deux calibres, indiqués *B*, étant indispensables, je recommande encore de ne pas oublier de les faire, surtout pour le chiffre des escaliers dont le cintre est irrégulier. On les relève toujours, suivant le dehors de chaque parement, en ayant soin de marquer l'endroit des emmarchements qui sont établis par numéros, lesquels servent à indiquer comment doit se placer le calibre.

PLANCHE XVIII.

ESCALIER DOUBLE.

Ce modèle de plan représente un double escalier. Comme on le voit, les deux montées se développent à partir du palier. Il faut avoir un grand emplacement pour construire convenablement cette forme d'escalier qui ne convient que pour un magasin ou un édifice public d'une certaine importance. On ne peut donc guère songer à l'établir dans une maison particulière, à moins toutefois qu'elle ne présente les conditions nécessaires pour lui donner tout le développement qui lui convient.

J'ai établi sur une échelle de deux mètres le plan figuré ci-contre. Je ne donne cependant pas cette mesure comme invariable; elle peut être plus ou moins grande, puisque, comme je l'ai déjà dit plusieurs fois, elle dépend toujours de l'emplacement que doit occuper l'escalier.

L'emmarchement du départ de l'escalier, jusqu'au premier palier, devra être plus long que celui des deux autres montées indiquées sur le plan. On pourrait quelquefois faire arriver le premier palier à la hauteur d'un entresol, en donnant assez de reculée au départ de la première marche. En arrivant ainsi à cette hauteur, on a la facilité de pratiquer une porte qui se trouve cachée par la repartie de l'escalier. Comme on le voit, ces deux parties d'escalier arrivant chacune de leur côté sur leur palier, on peut communiquer dans deux pièces différentes sans qu'elles se commandent.

A indique comment doit être assemblé le premier palier d'entresol. Comme on le voit, par les figures, on peut le construire de plusieurs formes d'assemblages en forme de parquet.

B désigne comment doit être fait chaque palier d'arrivée au niveau du plancher.

Pour ce qui est relatif au tracement et à la construction de cet escalier, on peut consulter les instructions et les planches précédentes.

PLANCHE XIX.

ESCALIER A TÊTE, PARTIE CLOSE.

L'assemblage, représenté dans cette planche, se nomme Partie Close, c'est-à-dire que chaque tête de marche est composée d'une partie courbe qui forme le chiffre.

Pour avoir la grandeur du recouvrement du joint, il faut opérer comme *Fig.* 1. Cette manière d'opérer est la même que celle que j'ai exposée dans la planche *V, Fig.* 3. Comme on le voit, le calibre *A* n'est élevé que de la largeur d'un emmarchement, plus le recouvrement du joint. La ligne *X* n'est que pour indiquer la grandeur que doit avoir le cintre du calibre. Lorsque la courbe est travaillée, on la trace comme il est marqué *B;* cette partie, qui forme la tête de chaque marche, s'assemble avec la contre-marche *Fig.* 3. On rapportera une pièce de bois, comme l'indique *C,* pour rendre plus solide l'assemblage autour duquel on allégira une languette qui s'embrèvera dans une rainure faite dans la marche.

Avant d'assembler la contre-marche avec la tête de la marche, on aura soin de faire sur le parement de la contre-marche une feuillure allégie de 5 mill. et de l'épaisseur de la marche, comme il est indiqué *Fig.* 2. Cette feuillure est pour retenir carrément le niveau de la marche, lorsqu'on ajuste toutes les marches ensemble.

La *Fig.* 4 indique comment doit être fait le dessus de la marche qui doit être attachée avec l'assemblage de celle *Fig.* 3. L'agrément qu'offre cet assemblage, c'est de ne point laisser voir, sur le parement de la marche, les têtes de pointes qui se fixent hors parement dans l'intérieur pour la retenir. L'assemblage de chaque marche devra être bien collé. Les marches étant assemblées ainsi, suivant le giron qu'elles doivent avoir, on les ajustera sur le plan par terre.

Comme on n'aurait pas assez de hauteur d'étage pour ajuster en entier l'emmarchement de l'escalier, il suffira d'ajuster trois ou quatre marches ensemble, en commençant par la première. Lorsqu'elles seront ajustées, on replacera sur le plan par terre, suivant son ordre de numéro, la dernière marche ajustée, et on continuera de la même manière pour toutes les autres marches. Lorsque l'emmarchement est ainsi réglé, on pourra le monter dans l'emplacement qu'il doit occuper. On commencera par bien fixer la première marche, et on placera les autres suivant leur ordre de numéro. La contre-marche se cloue à mesure qu'on emmarche, en ayant soin de bien faire joindre la coupe de chaque tête de marche. L'assemblage n'étant pas fixé avec des boulons, on mettra des étais de distance en distance pour tenir le chiffre qu'on devra arrêter avec une plate-bande en fer fixée avec des vis à bois, comme il est indiqué *Fig.* 5. Cette plate-bande devra former un demi-jonc en saillie de son épaisseur sur l'arête de la partie du chiffre, comme il est indiqué *D.* Cette saillie est pour éviter que le joint, qui se trouve entre le fer et le bois, ne paraisse pas autant. J'observerai que ce genre d'assemblage n'est pas aussi solide dans un jour allongé que dans un plein cintre. Il ne faudrait pas que l'emmarchement, qui forme le limon droit, dépassât la ligne du point de centre de plus de trois à quatre marches; autrement l'escalier serait susceptible de s'affaisser.

On pourrait aussi, comme il est indiqué *Fig.* 6, établir les coupes de chaque tête de marche par des coupes d'aplomb suivant la ligne de la contre-marche. Pour éviter les frais de plate-bande en fer, on peut faire l'assemblage à clefs, comme il est indiqué sur le plan.

Pour établir le calibre *E*, il n'est pas nécessaire d'opérer comme *Fig.* 1, parce qu'il ne se trouve pas de recouvrement au joint. Comme on le voit, le bois n'exige pas autant d'épaisseur comme pour établir le calibre *A*.

On pourrait, comme il est indiqué *Fig.* 7, avoir deux têtes de marches dans la même courbe, lorsque le bois a assez de largeur. Comme je l'ai déjà dit, ces sortes d'assemblages à clefs n'offrent pas autant de propreté que les autres assemblages.

PLANCHE XX.

ESCALIER A COURBES PLEINES.

Le tracement de l'emmarchement des escaliers à courbes pleines présente un peu plus de difficultés que celui des escaliers entaillés, en ce que le chiffre demande à être débillardé dessus et dessous.

La *Fig.* 1 indique comment se trace le limon suivant toutes les lignes d'élévation. Comme je l'ai déjà observé, il n'est pas nécessaire d'établir sur l'épure chaque limon pour y tracer son emmarchement. Il se trace de la même manière que le limon planche *VI, Fig.* 4, à la différence cependant que les marches et contre-marches sont encastrées dans l'épaisseur du chiffre. Pour tracer le cintre de chaque limon, il faut que les largeurs que l'on laisse au-dessus du nez de la marche soient le plus égales possibles. Tant qu'au débillardement du dessous de l'emmarchement, il ne faut pas y tenir pour rendre le limon plus régulier, puisque le dessous de l'escalier se trouve caché par le plafond.

La *Fig.* 2 est le calibre rallongé. Il faut toujours faire traverser la ligne de la contre-marche dans l'épaisseur du chiffre. Comme pour les courbes entaillées, c'est toujours du jour du dedans du chiffre que s'élèvent toutes les lignes d'emmarchement pour avoir la ligne rampante *A* qui sert à tracer le calibre. Il suffit d'un seul calibre pour tracer les courbes de chaque étage. Ces courbes devant être débillardées dessus et dessous, le bois pour les établir demande plus de largeur que dans les escaliers entaillés dont les marches sont profilées au retour.

Lorsque toutes les courbes sont travaillées suivant le calibre, on les trace comme elles sont représentées *Fig.* 3. Afin de ne pas être obligé de porter le bois sur l'épure, on relève sur une planche *B* les largeurs d'emmarchement comme elles sont établies sur le plan. On commence toujours par reporter chaque largeur d'emmarchement suivant le rampant, comme il est indiqué pour tracer les largeurs d'emmarchement des limons. Mais, comme on ne peut se servir de fausse équerre pour les lignes rampantes, on fait avec un compas deux demi-cercles *C*. Cette opération sert à marquer la ligne rampante de chaque largeur d'emmarchement. On renvoie ensuite, avec une pièce carrée, chaque hauteur indiquée par numéro, en reportant en arrière les épaisseurs de marches et contre-marches, de la largeur que doivent avoir les entailles. Les deux parties de courbes indiquées *Fig.* 3 ne sont représentées que pour faire voir la manière de tracer leur emmarchement. J'ai trouvé que ce moyen était plus sûr que de renvoyer les largeurs avec le calibre rallongé.

La *Fig.* 4 est la courbe qui arrive au palier, et celle de repartie d'un autre étage. Elles se tracent de la même manière que *Fig.* 3.

J'ai trouvé qu'il était plus propre d'araser la saillie du quart de rond de la marche qui se trouve encastrée dans l'épaisseur du chiffre, comme il est indiqué par une marche *Fig.* 5, que d'y embrever le bout de la marche dans son entier. On aura soin alors de bien faire joindre l'arasement du quart de rond. Comme il est expliqué planche *VIII*, les encastrures ne se font qu'après avoir tout boulonné l'assemblage du chiffre.

Il est bon de rappeler que toutes les encastrures, qui sont rainées dans la partie du chiffre, se font à l'aide de la scie représentée planche *I, Fig.* 7.

PLANCHE XXI.

ESCALIER A NOYAU

L'escalier que l'on nomme à noyau se place ordinairement dans des habitations de peu d'importance. La rampe de cet escalier est construite dans l'assemblage du chiffre.

La *Fig.* 1 représente la première partie de l'escalier montée avec sa rampe. Chaque partie devra être assemblée ainsi avant de monter le chiffre. Cette manière donne la facilité de régler la première marche. Le départ de la rampe est un pilastre en bois tourné qu'on assemble avec le limon et le porte-main. La largeur du porte-main, dont le profil est représenté *Fig.* 7, est de 7 cent. sur 5 cent. d'épaisseur. L'écartement des barreaux est ordinairement de 16 centimètres; la hauteur que doit avoir la rampe est de 85 cent. du dessus du nez de la marche au-dessus du porte-main.

Comme je l'ai déjà fait dans la planche *VI*, je vais encore démontrer ici la manière de tracer le chiffre de l'escalier sans qu'il soit besoin d'établir le bois sur l'épure Comme on le voit par les deux lettres *A*, c'est toujours par le même abrégé qu'on obtient la coupe rampante *B*, qui donne la longueur du limon. Pour tracer le limon, *Fig.* 2, il suffit que chaque limon soit dressé sur un seul champ pour conduire la fausse équerre. La *Fig.* 3 est une planche sur laquelle est relevée la coupe de chaque rampant *B*. On a soin de marquer le numéro de la marche pour se rappeler de cette coupe. La *Fig.* 4 est une règle sur laquelle sont reportées les largeurs des emmarchements suivant leur numéro, comme ils sont établis au plan par terre sur la partie du chiffre *C*. Comme il est expliqué planche *VI*, *Fig.* 4, relevez la coupe du rampant avec la fausse équerre; tracez une ligne au bout du limon; prenez avec un compas la largeur de chaque emmarchement indiqué sur la règle *Fig.* 4; reportez la largeur sur votre limon par un demi-cercle *D*. Si l'on ne pouvait tracer la ligne rampante avec la fausse équerre, on pourrait décrire deux demi-cercles *E*, qui serviraient à la tracer. Avec une pièce carrée, indiquée planche *VI*, *Fig.* 4, vous renvoyez chaque hauteur d'emmarchement; vous reportez ensuite l'épaisseur de la contre-marche et de la marche. J'observerai que l'épaisseur de la contre-marche se trouve toujours renvoyée en arrière. Si, d'après ces explications, on n'était pas encore assez sûr pour tracer à l'atelier le chiffre de l'escalier, on pourrait, comme il est indiqué planche *I*, *Fig.* 2, établir son bois sur l'épure.

La *Fig.* 5 indique la manière de compenser la division des barreaux. A cet effet, vous préparez une planche mince, large de 10 cent. environ; vous la placez suivant la ligne de l'emmarchement, comme il est marqué *F*. Compensez sur cette planche autant de barreaux que l'arasement de l'ouverture l'exige; puis, à l'aide d'une règle *G*, de la largeur du diamètre du barreau, et que vous conduisez avec une équerre, marquez l'endroit sur le limon et le porte-main, où doivent être percés les trous des barreaux. En faisant ainsi, on n'a pas besoin d'établir l'assemblage sur l'épure pour tracer leur écartement suivant le rampant qu'exige chaque limon.

Fig. 6 est le noyau creusé où s'assemblent les limons. L'emmarchement s'y trace en reportant, par ordre de numéro, les largeurs comme elles sont indiquées au plan par terre *I*. Avec une règle ployante, vous renvoyez d'équerre chaque hauteur. Comme on le voit, les deux lettres *J* indiquent l'endroit de l'assemblage du limon avec le noyau. *H* est un calibre qui sert pour creuser et arrondir le noyau. La largeur du bois, pour établir ces sortes de noyaux, est ordinairement de 22 centimètres sur une épaisseur de la moitié de la largeur; et leur longueur est de 2 mètres 20 cent. environ. La longueur du noyau qui arrive au palier est de 1 m. 20 cent. Ces mesures sont à peu près fixes; cependant, elles peuvent quelquefois varier plus ou moins en longueur, à cause de la hauteur du pas.

La *Fig.* 8 représente une autre forme d'escalier que nous appelons Escalier à quatre noyaux. Cette forme permet d'avoir autant de grandeur de jour que l'on veut.

J'ai cru devoir, en terminant cet ouvrage, faire une dernière observation.

Si l'ouvrier ne comprenait pas aisément quelques-unes des opérations démontrées dans ce Manuel, je lui conseillerai d'exécuter en petit, ce que j'ai souvent fait moi-même, le modèle de la partie du travail qui l'embarrasserait. Ce modèle lui donnera l'idée de mieux concevoir ce qu'il ne comprenait pas d'abord.

Il en est de même pour l'ensemble du travail. Les escaliers en général semblent au premier coup d'œil d'une exécution très-difficile à comprendre. Cependant, en faisant, comme je viens de le dire, quelques modèles, on parviendra, avec de l'application, à saisir aisément les assemblages qui composent l'escalier.

La construction des escaliers demande beaucoup de hardiesse. Il ne faut donc pas se rebuter pour quelques difficultés qu'on aurait à vaincre. J'ai tout lieu de croire qu'en s'appuyant sur les principes détaillés dans cet ouvrage, on obtiendra toujours les résultats les plus satisfaisants.

FIN.

TABLE DES MATIÈRES CONTENUES DANS CE MANUEL

Le Mans. — Imprimerie Ed. Monnoyer, place des Jacobins. — Juin 67.

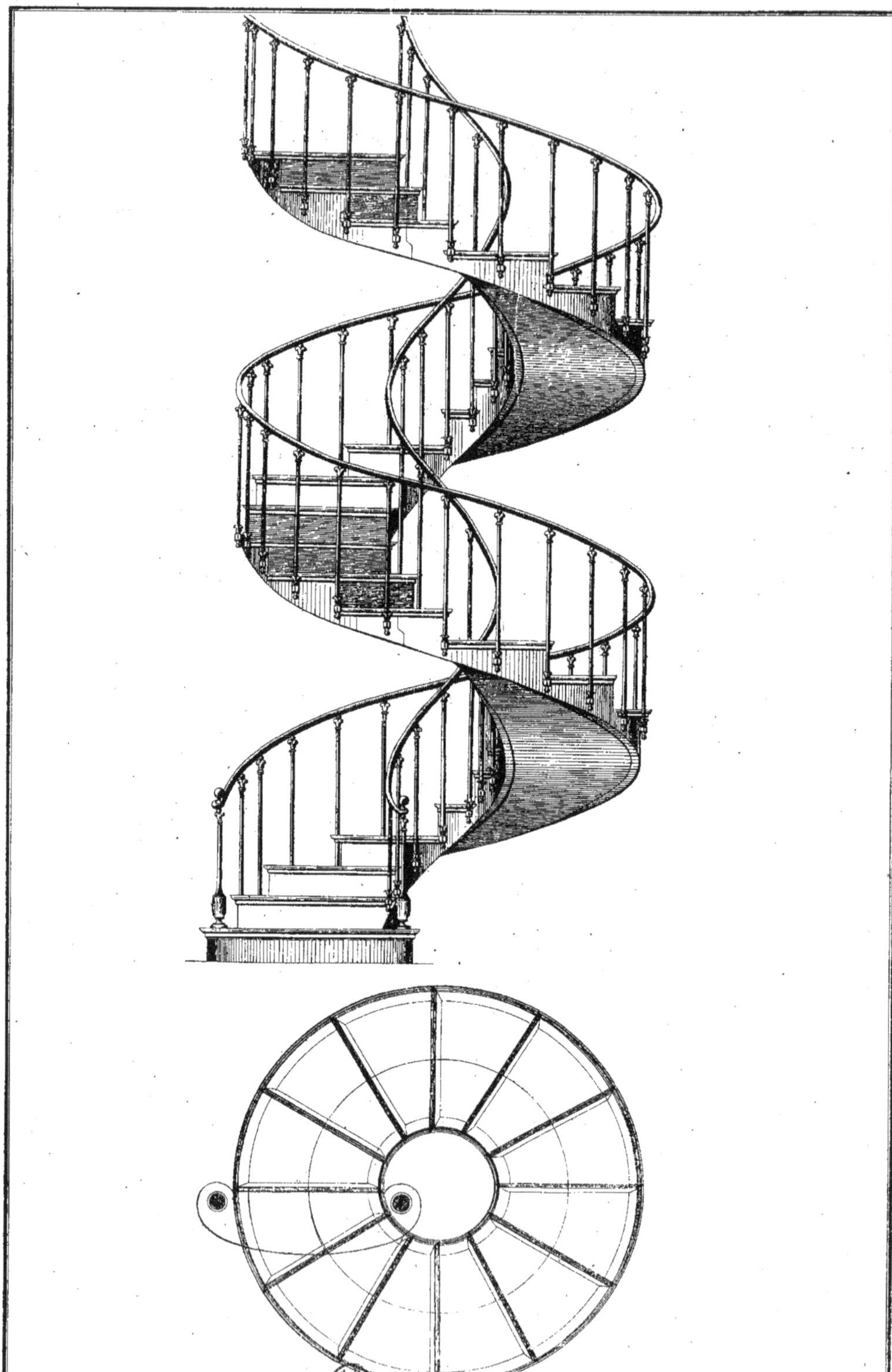

Lith. Ed. Monnoyer, au Mans.

Escalier plein cintre à double rampe.

Pl. 1.

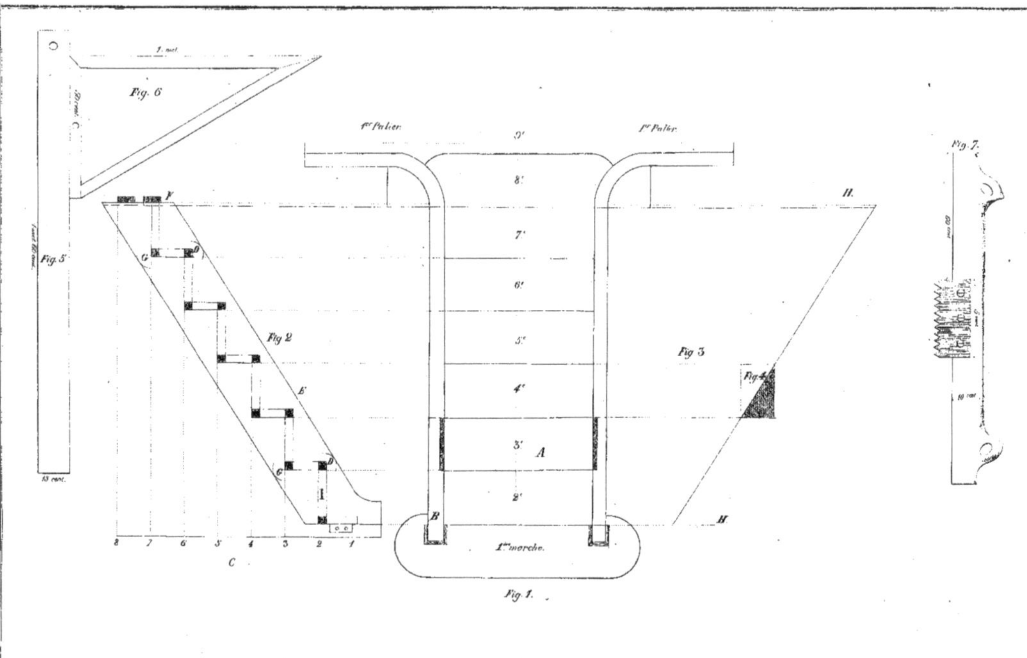

Fig. 6
Fig. 5
Fig. 2
Fig. 3
Fig. 4
Fig. 7
Fig. 1.
1er Palier
1er Palier
1re marche.
A
B
C
E
F
G
H.
H

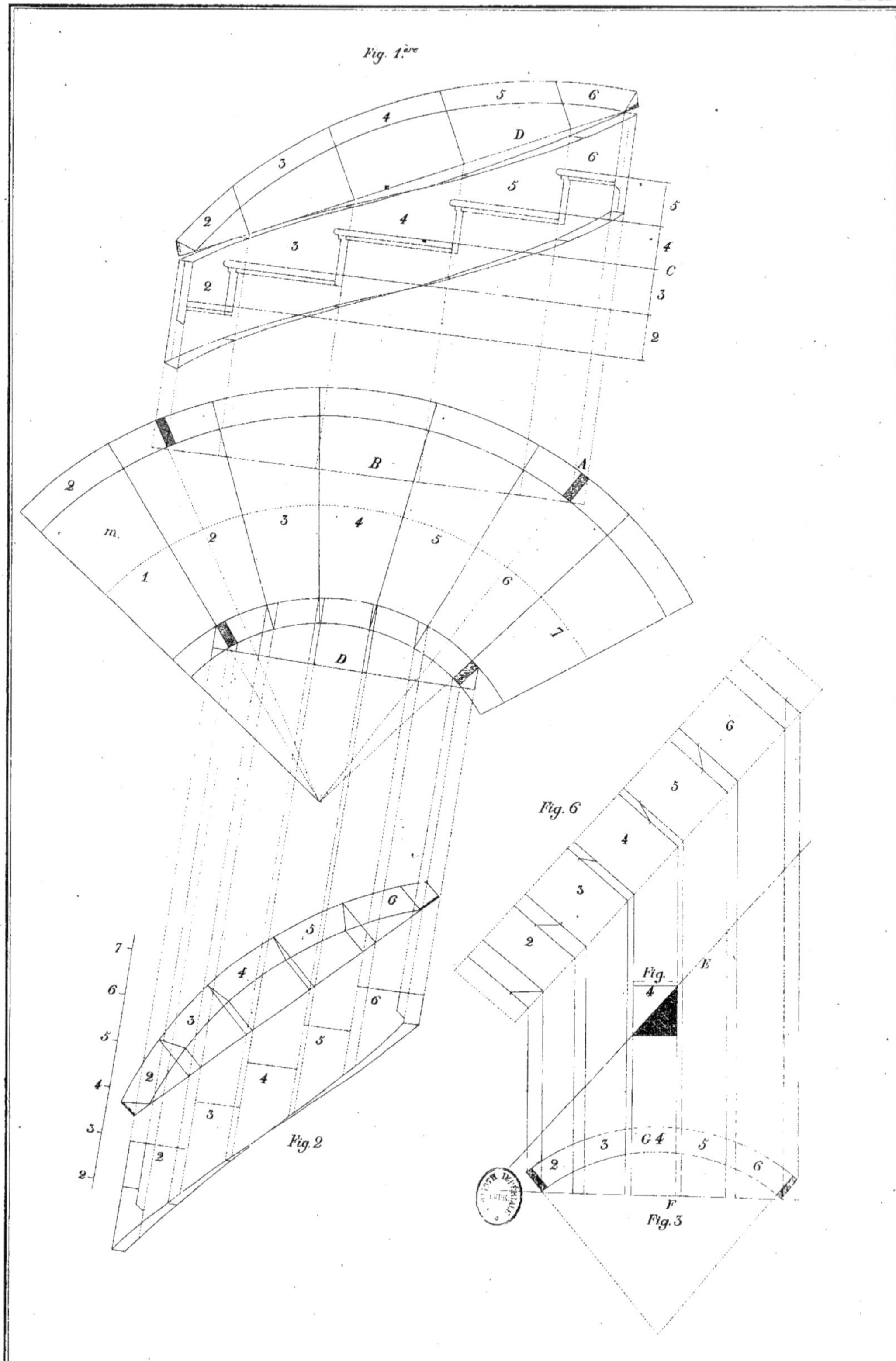
Fig. 1.ère
D
C
B
A
m
D
Fig. 6
E
Fig.
4
G 4
F
Fig. 3
Fig. 2

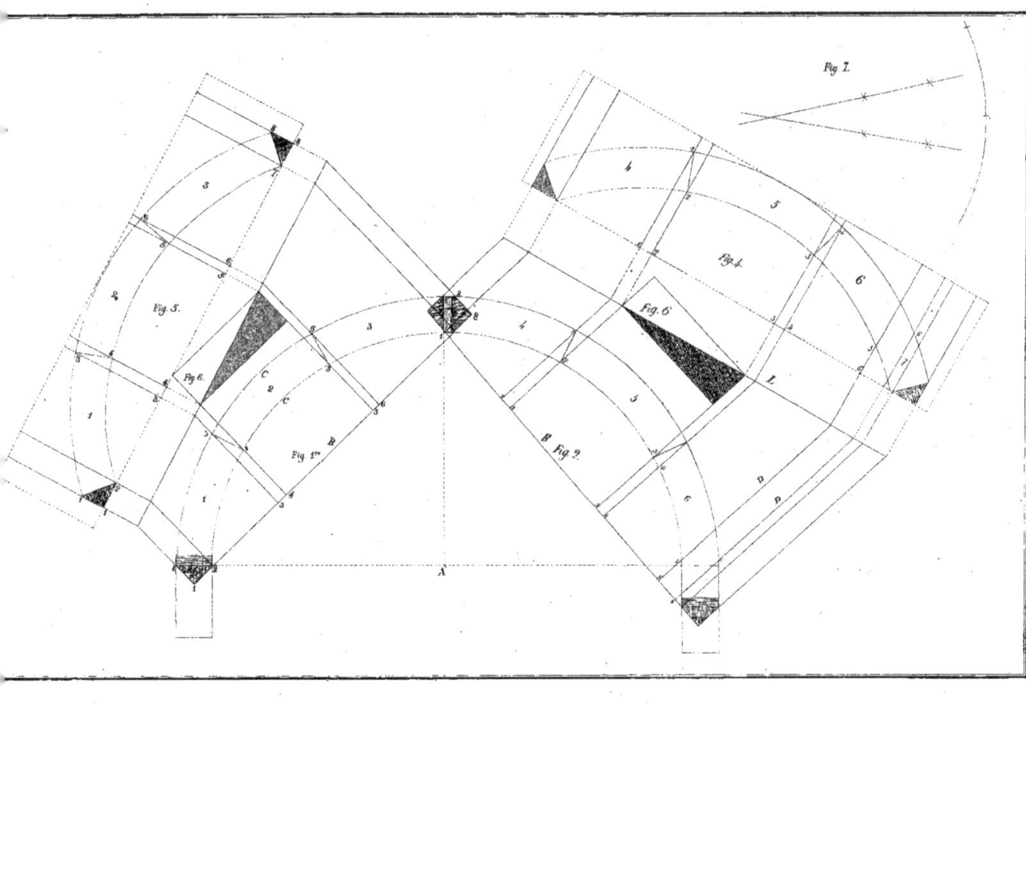
Fig. 7.
Fig. 4.
Fig. 6.
Fig. 5.
Fig. 6.
Fig. 1re
Fig. 2.
A

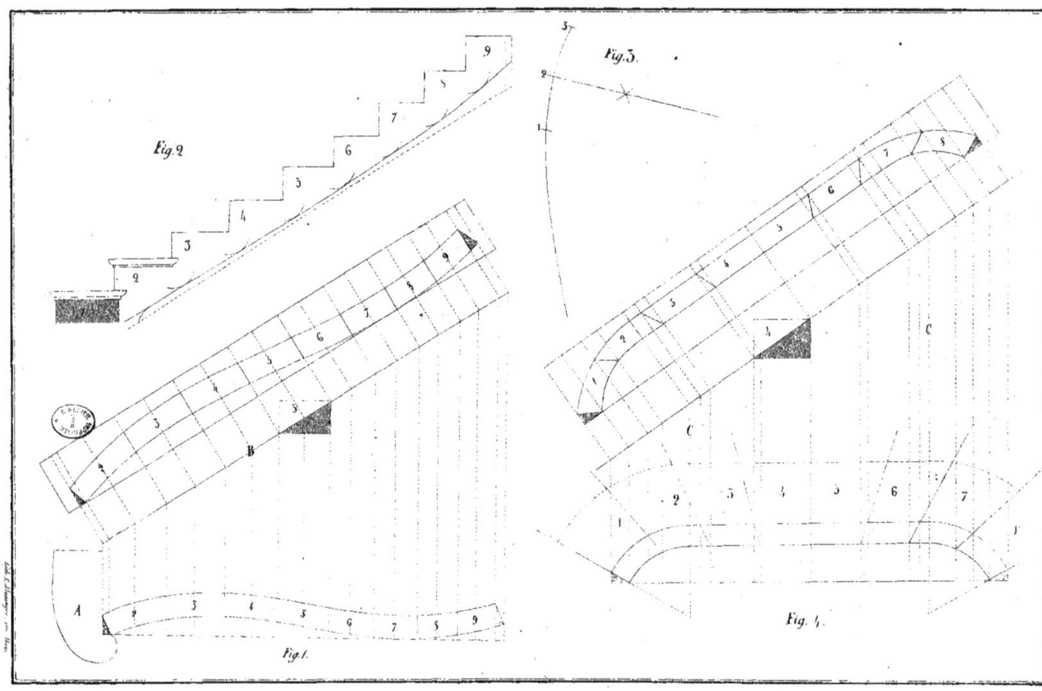

Fig. 1. — Fig. 2. — Fig. 3. — Fig. 4.

Pl. V

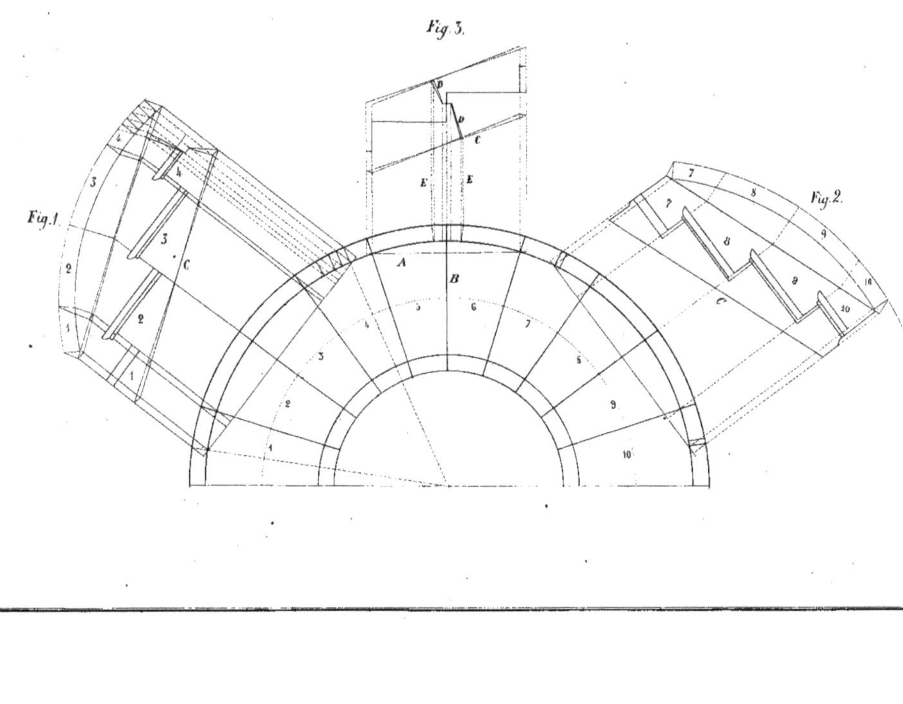

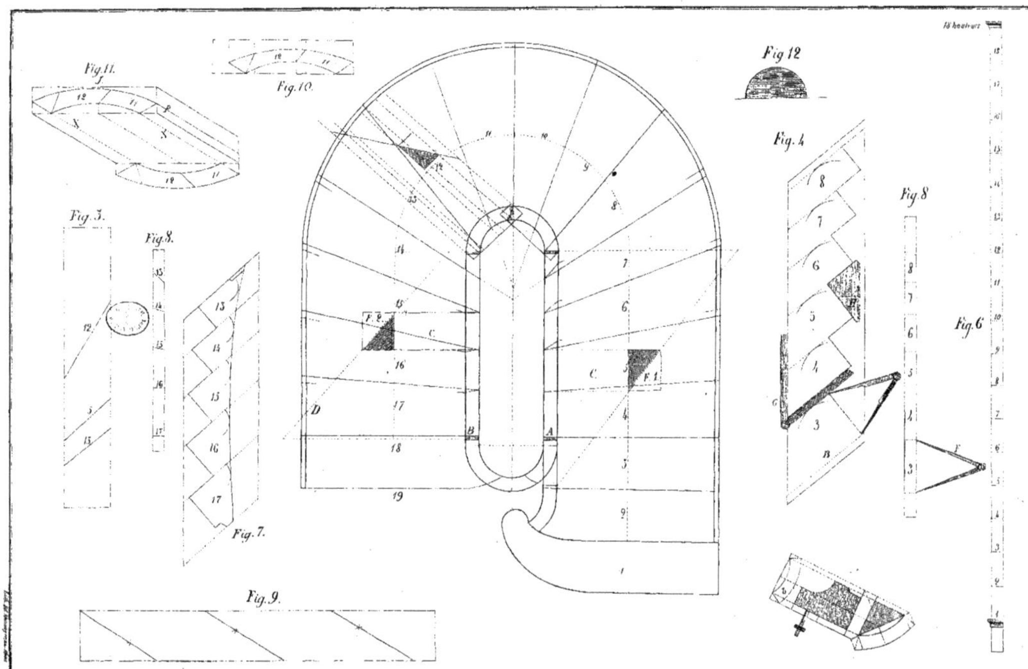
Fig. 11.
Fig. 10.
Fig 12
Fig. 4
Fig. 3.
Fig. 8.
Fig 8
Fig. 6
Fig. 7.
Fig. 9.

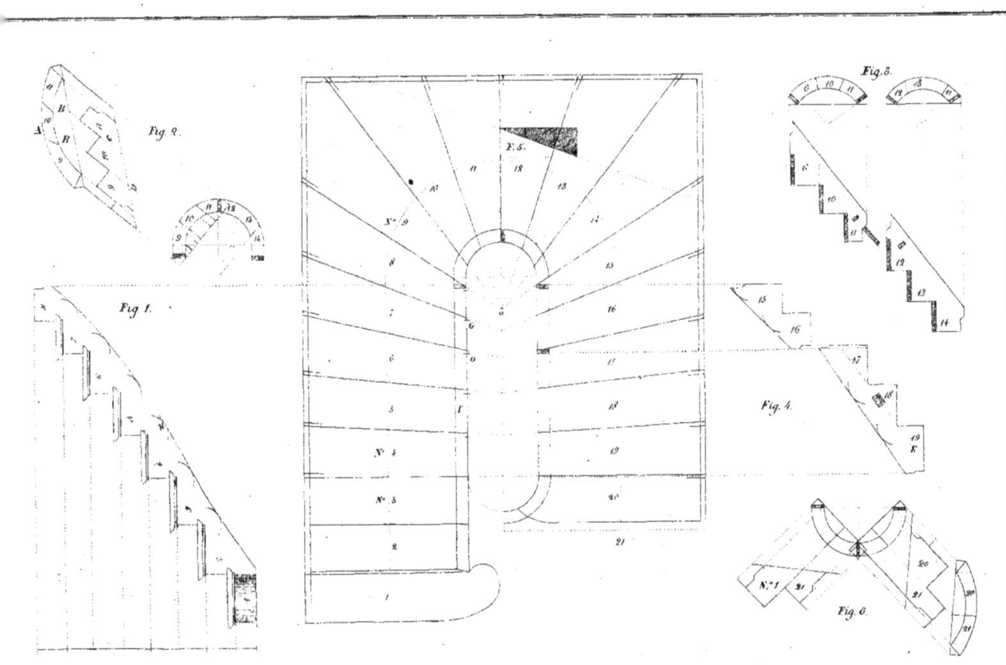
Fig. 1.
Fig. 2.
Fig. 3.
Fig. 4.
F. 5.
Fig. 6.

PL. XII.

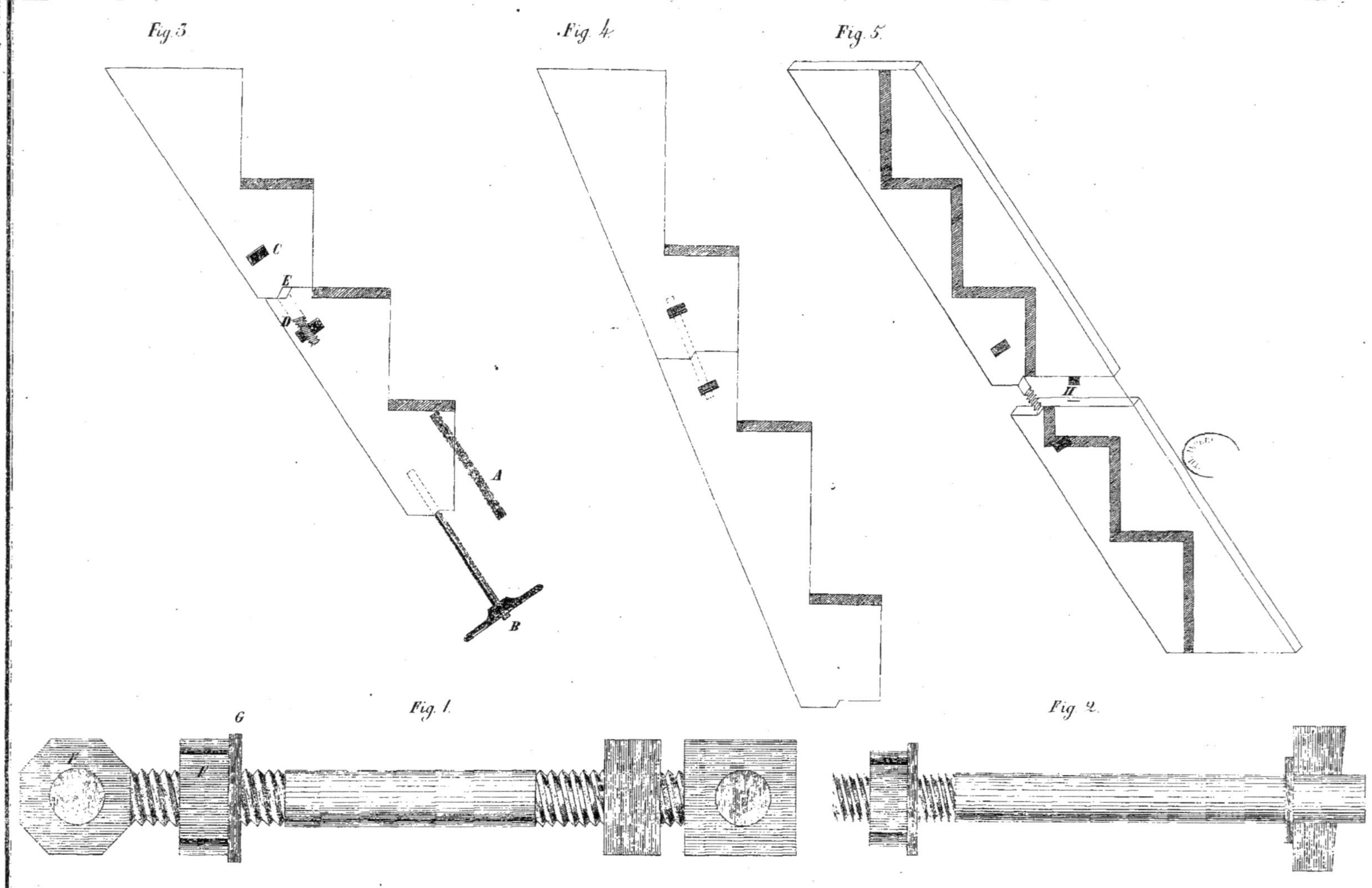

Lith. de Ed. Mounoyer au Man

Fig. 4

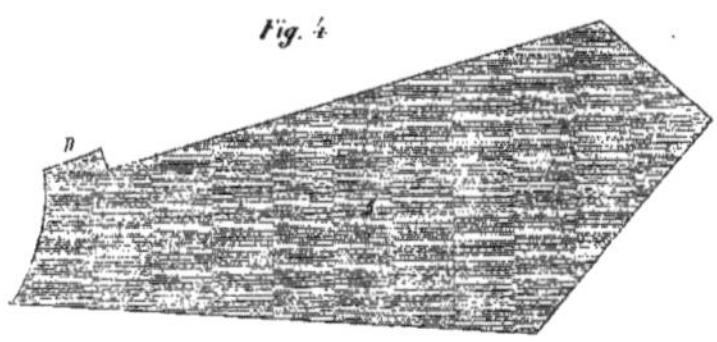

Fig. 2

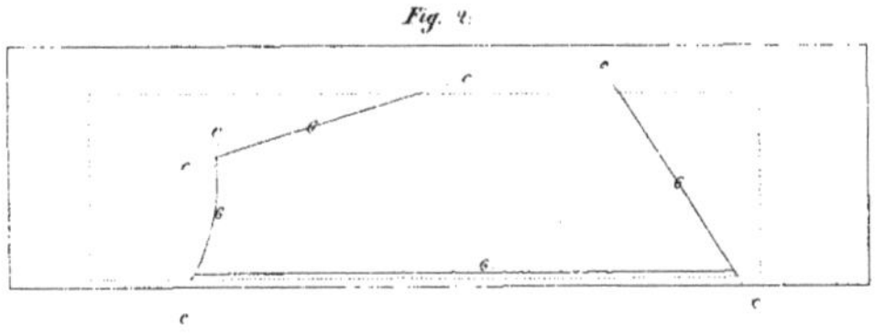

Fig. 3

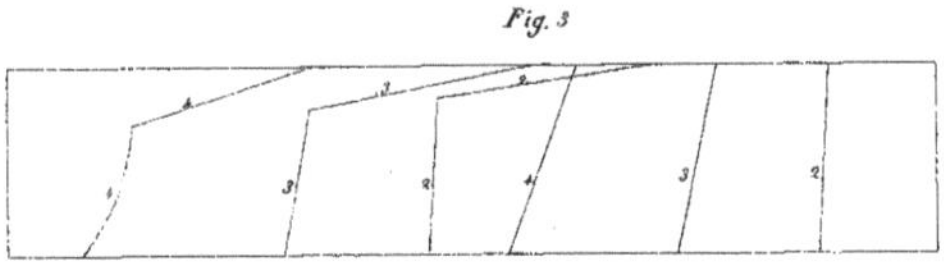

Fig. 1

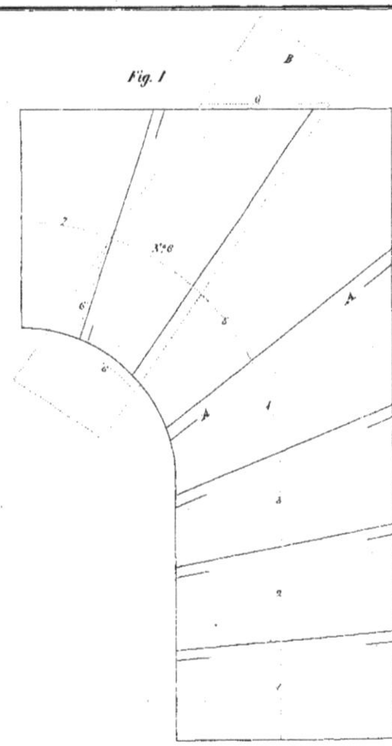

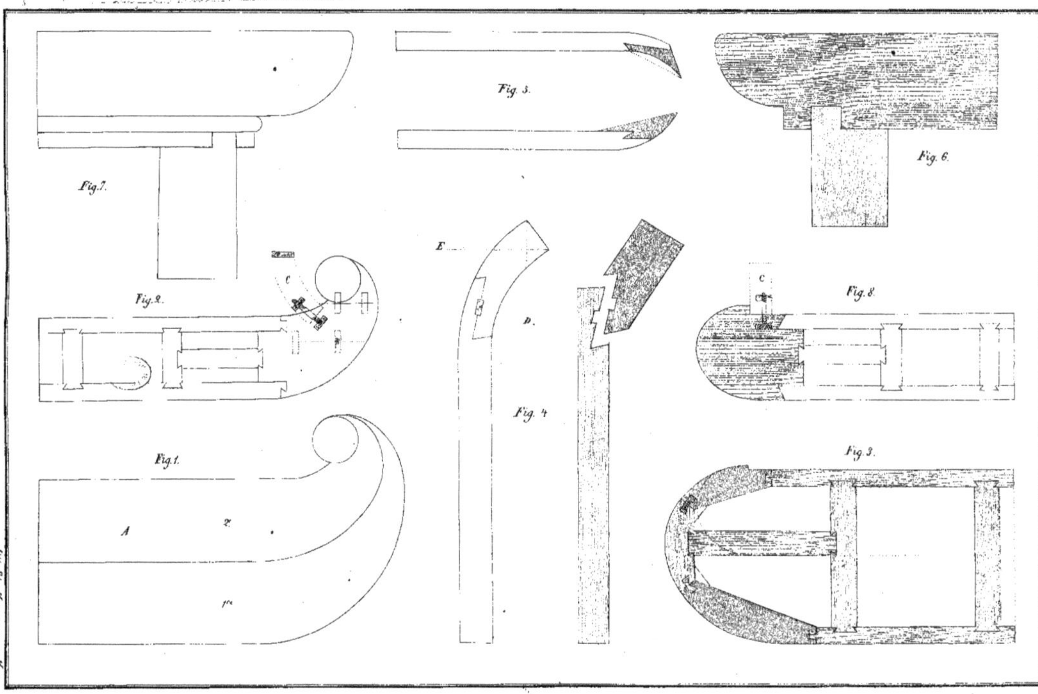

Fig. 7.
Fig. 5.
Fig. 6.
Fig. 2.
Fig. 4
Fig. 8.
Fig. 1.
Fig. 3.
E
D.
C
A

Pl. XI.

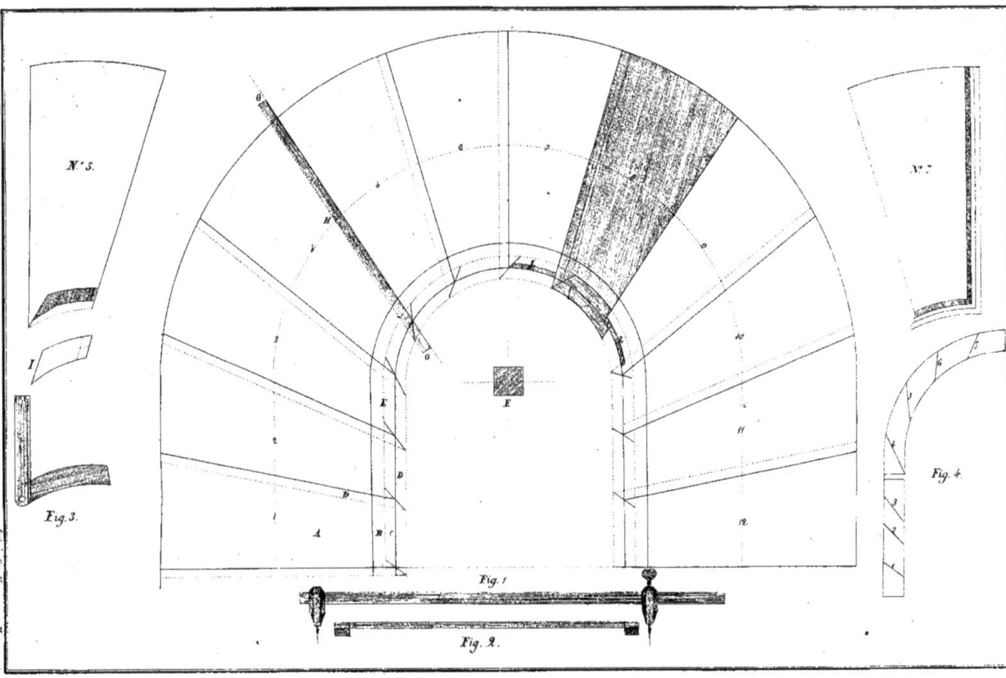

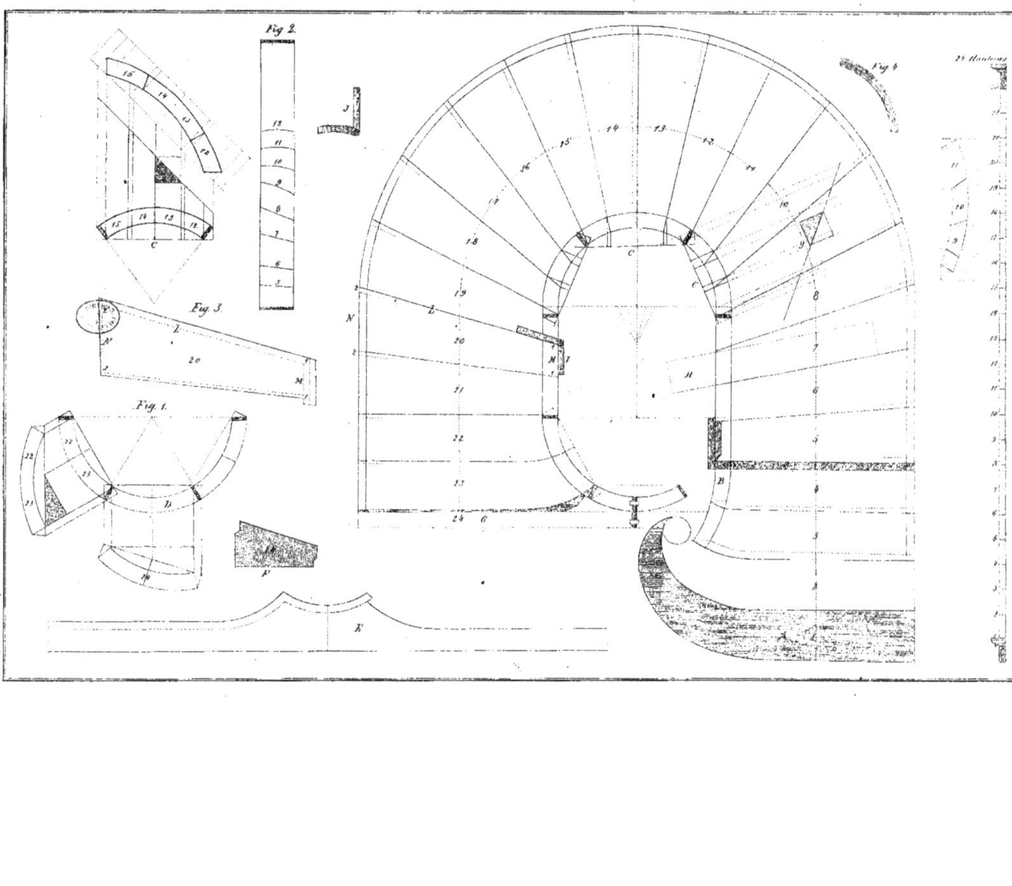
Fig. 2.
Fig. 3.
Fig. 1.
Fig. 4
24 Hauteurs

Pl. XIII.

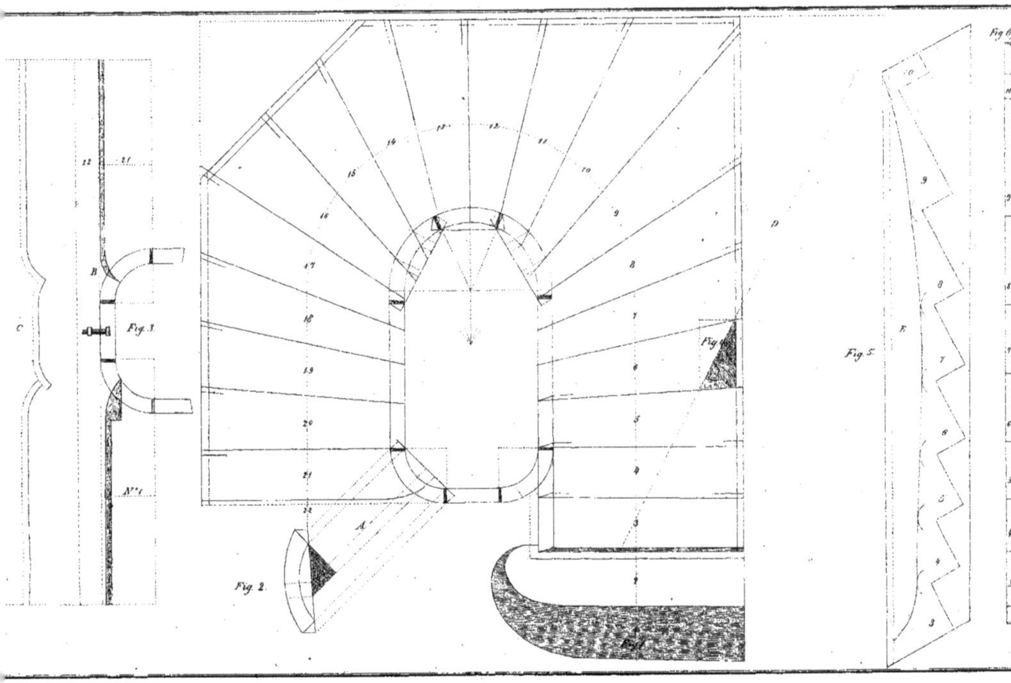

PL. XIV.

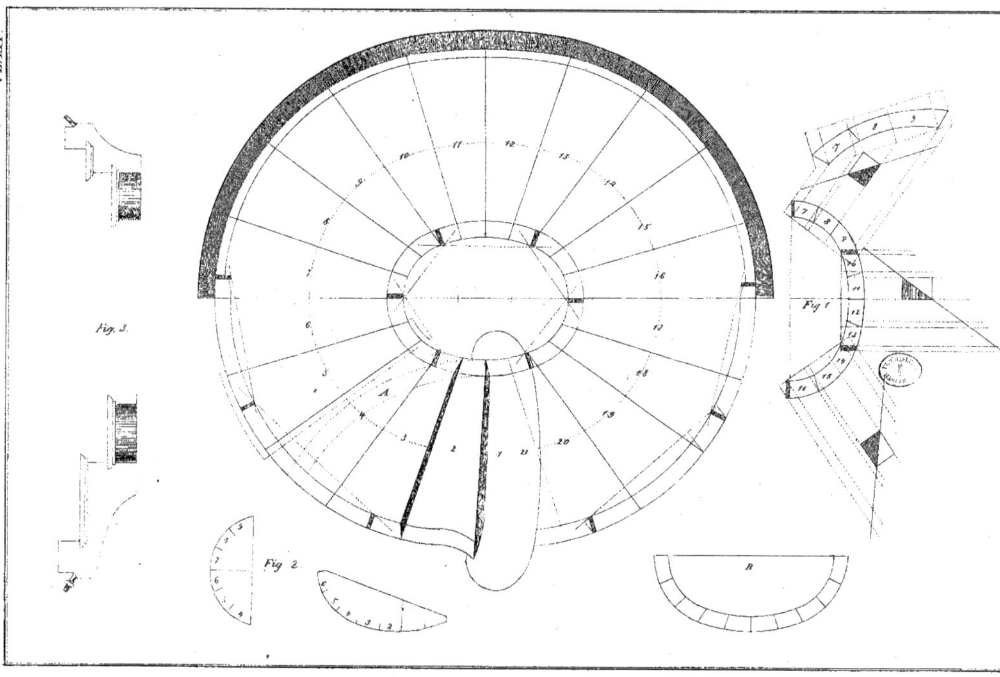

Pl. XV.

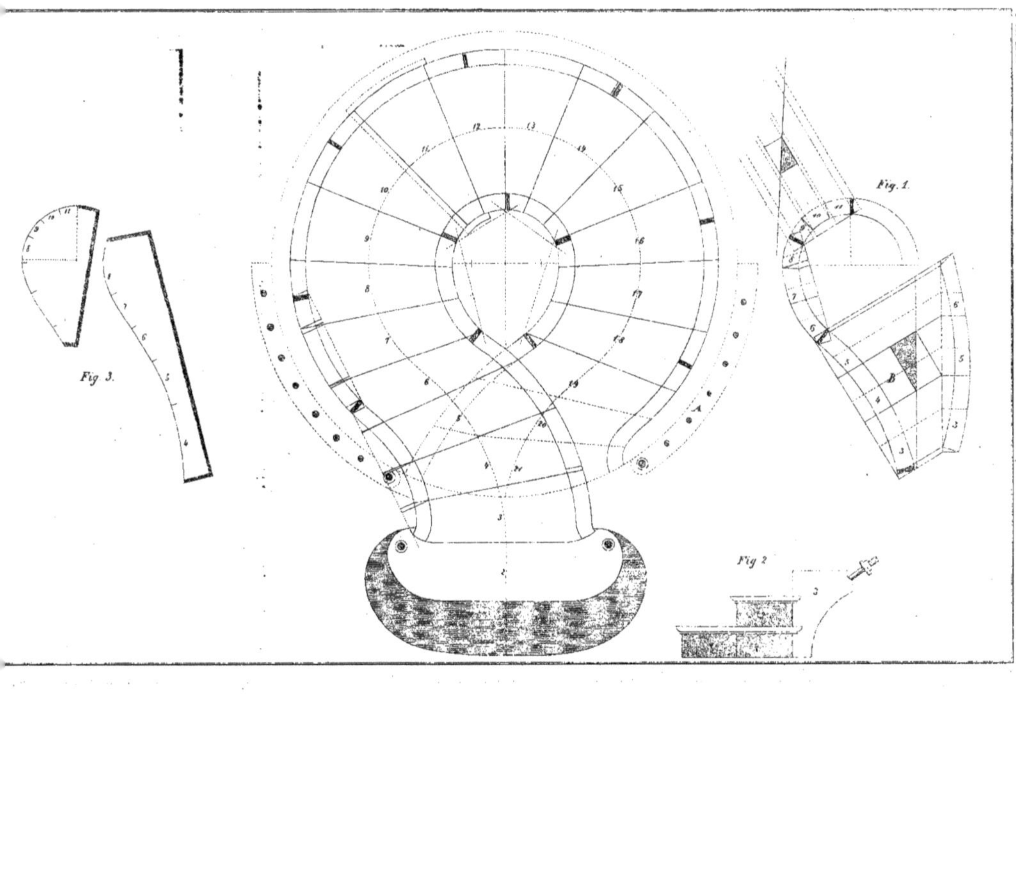

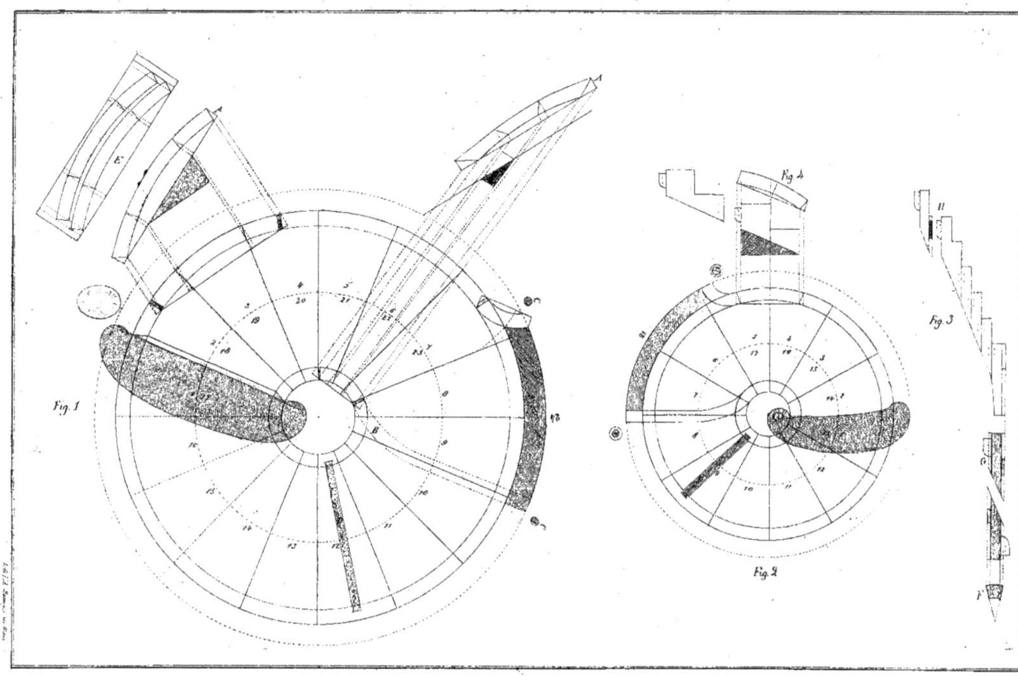

Pl. XVI

Pl. XVII

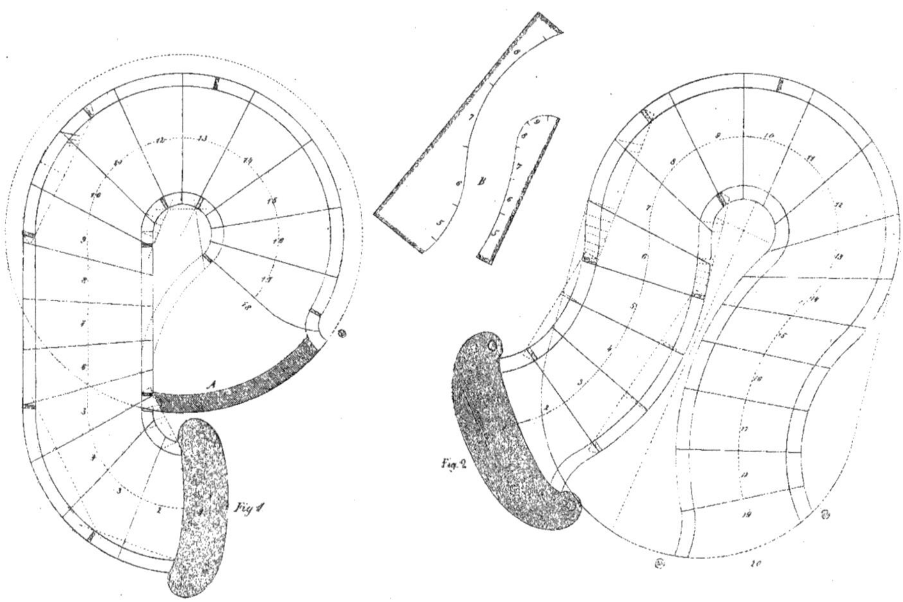

Fig. 1

Fig. 2

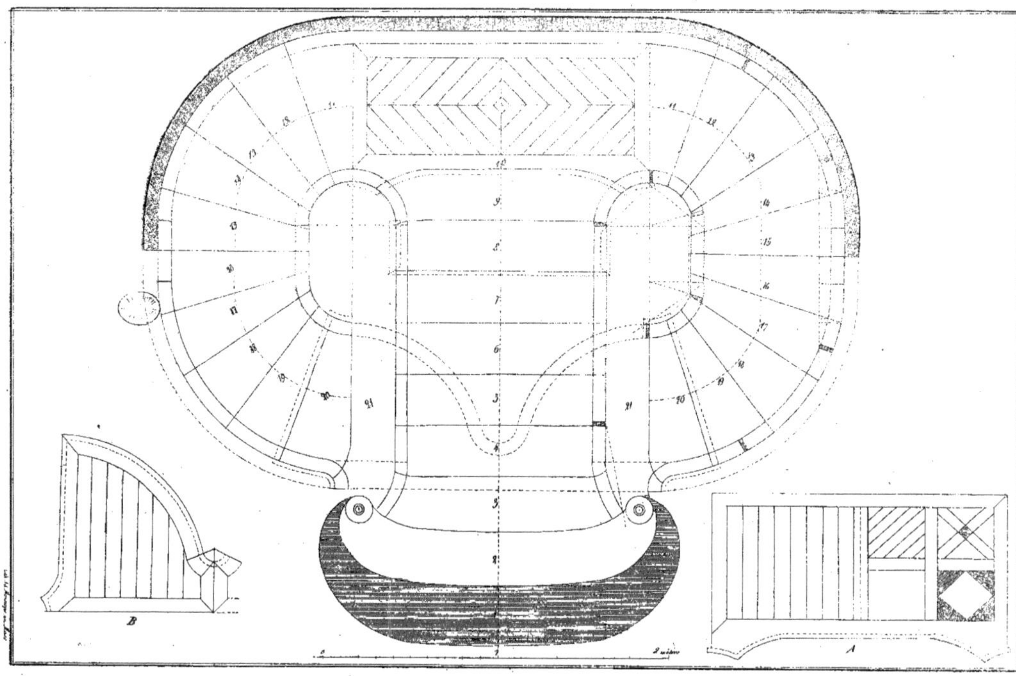

PL. XVIII.

PL. XIX.

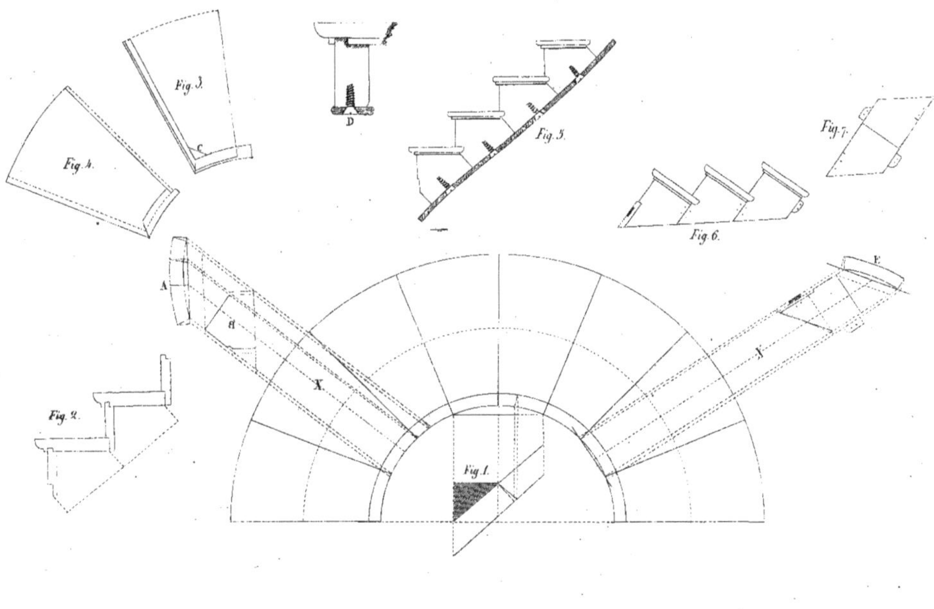

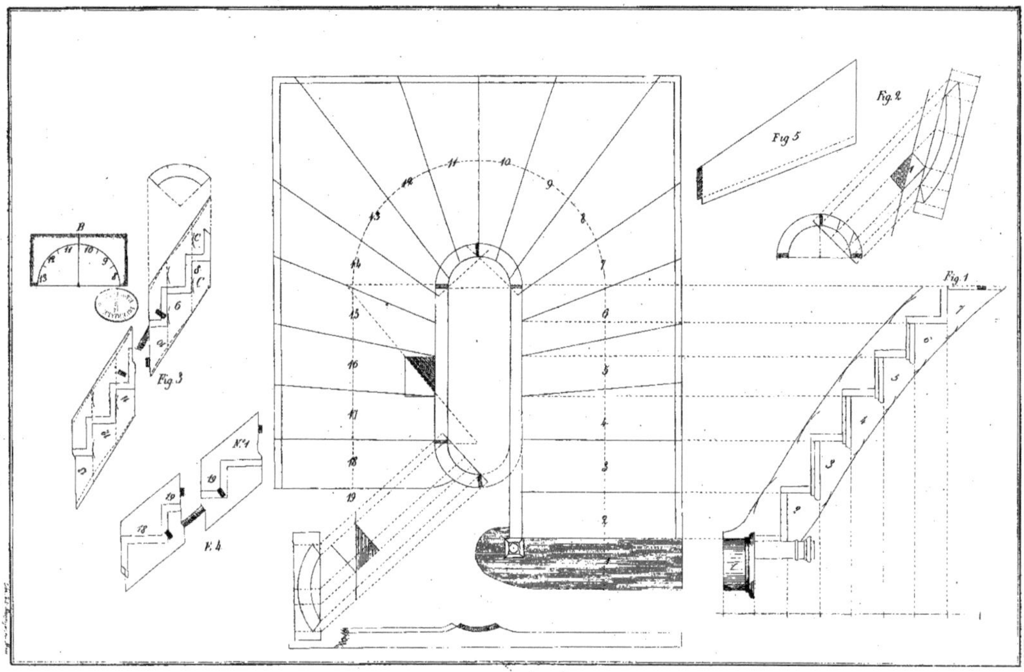
Fig. 1
Fig. 2
Fig. 3
F. 4
Fig 5
B
N.º 1

Pl. XXI

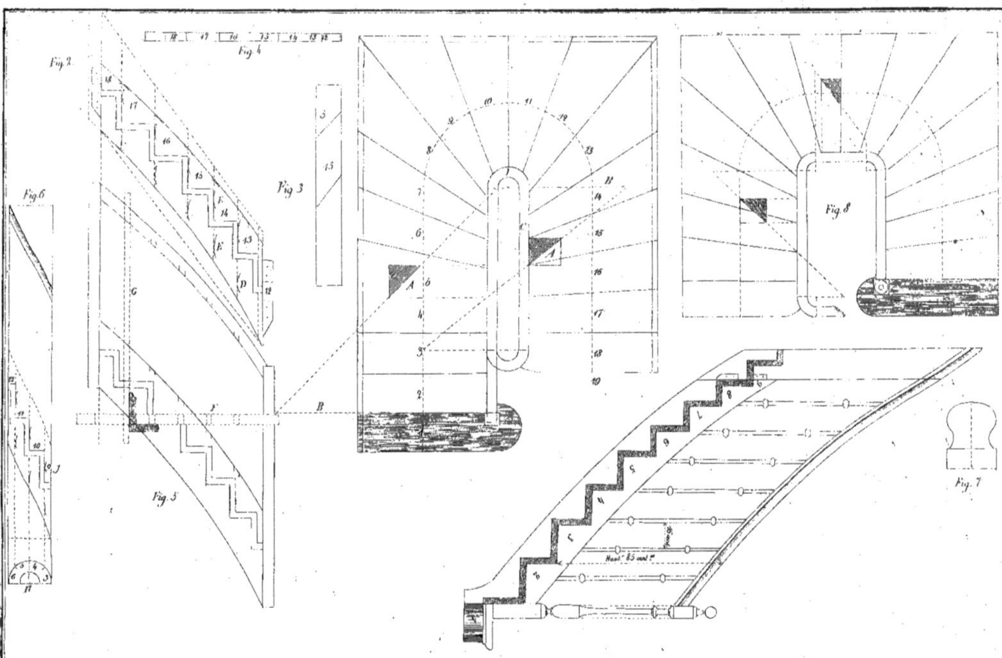

www.ingramcontent.com/pod-product-compliance
Ingram Content Group UK Ltd.
Pitfield, Milton Keynes, MK11 3LW, UK
UKHW032000260826
14628UKWH00005B/2179

9 782013 047678